KB121067

Reading the World through Sound

배명진 교수의
소리로 읽는 세상

배명진 교수의 소리로 읽는 세상

지은이_ 배명진 · 김명숙

1판 1쇄 발행_ 2013. 11. 18
1판 6쇄 발행_ 2017. 3. 27

발행처_ 김영사
발행인_ 김강유

등록번호_ 제406-2003-036호
등록일자_ 1979. 5. 17.

경기도 파주시 문발로 197(문발동) 우편번호 10881
마케팅부 031) 955-3100, 편집부 031) 955-3250, 팩시밀리 031) 955-3111

값은 뒤표지에 있습니다.
ISBN 978-89-349-6539-8 03400

독자 의견 전화_ 031) 955-3200
홈페이지_ http://www.gimmyoung.com   카페_ cafe.naver.com/gimmyoung
페이스북_ facebook.com/gybooks   이메일_ bestbook@gimmyoung.com

좋은 독자가 좋은 책을 만듭니다.
김영사는 독자 여러분의 의견에 항상 귀 기울이고 있습니다.

배명진 교수의

소리로
읽는
세 ▸ 상

배명진 · 김명숙 지음

김영사

과 활용 위주로 글을 썼다. 그리고 언어학자인 김명숙 교수는 사람의 목소리에 대한 특별한 관심과 애정을 소리와 얽힌 일화로 풀어냈다. 따라서 이 책은 공학자로서의 실용적이며 과학적인 접근과 인문학자로서의 감성적인 시각이 함께 어우러진 융합 연구의 결과물인 셈이다.

우리는 소리공학을 주변의 모든 소리를 분석하고 규명해서 실생활에 도움이 될 수 있도록 만드는 기술이라고 정의 내렸다. 소리가 우리와 함께 있는 한, 소리와 소리공학에 대한 관심은 시간이 갈수록 높아질 수밖에 없고, 소리공학 또한 발전할 수밖에 없다. 사람들이 더 편안하고 평화롭게 사는 미래로 가는 길목에서 소리공학은 우리에게 많은 도움을 줄 것이며 우리도 보다 나은 미래를 위해 노력할 것이다.

이 책을 출판하기까지 많은 사람들의 도움을 받았다. 우선 책의 가치를 인정하여 출판을 결정해준 김영사 박은주 사장님과 관계자 분들께 깊은 감사를 드린다. 또한 오랜 시간 함께 동고동락하며 수많은 연구를 진행하고 있는 소리공학연구소 연구원들에게 변함없는 사랑과 존경을 전한다. 특히 언제나 나를 설레게 하고 살아 움직이게 하는 소리에게 가장 큰 감사를 전한다.

이제 배명진 교수와 함께 소리로 세상을 읽어보자. 여러분의 귀를 활짝 열고 가슴을 뛰게 하며, 새로운 꿈과 희망, 그리고 보다 큰 상상력을 소리가 가져다 줄 것이라 믿는다.

2013년 11월
배명진 · 김명숙

1부

소리를
만나다

나는 세상의
모든 소리를 사랑한다

우리가 살아가는 세상은 수많은 소리들로 가득 차 있다. 어떤 소리는 우리를 행복하게 만들고, 어떤 소리는 우리를 귀찮게 만들고, 어떤 소리는 편안하게, 또 가끔은 까칠하게, 가끔은 슬프게, 가끔은 걱정스럽게 만든다. 나는 이 모든 소리를 사랑한다. 소리는 마치 내게 운명처럼 다가와 평생을 함께하고 있는 가장 가까운 친구 같은 존재이다. 소리는 언제나 마음을 설레게 하고 내가 살아 있음을 느끼게 한다.

　사람에게는 오감이 있다. 그중에서 청각은 엄마 배 속에 있을 때부터 갖게 되는 감각이고, 이 세상을 떠날 때에도 가장 마지막까지 남아 있는 감각이다. 결국 소리는 우리가 생명을 갖게 되는 순간부터 가장 먼저 접하는 것이며 평생을 함께 지내다가 마지막 순간까지 우리 곁에 남아 있는 산소 같은 존재라 할 수 있다.

지금 이 글을 읽고 있는 순간, 여러분은 어떤 소리를 듣고 있을까? 그 소리는 여러분에게 어떤 의미일까? 좋은 소리일까, 나쁜 소리일까? 행복한 추억을 불러올까, 두려움에 떨게 만들고 있을까? 소리는 눈으로 보는 세계보다 더 큰 상상력을 불러일으킨다. 그러기에 소리의 세계는 다양하면서도 흥미로운 이야기들로 가득 차 있다.

내가 처음으로 기억하는 소리는 할머니의 소리이다. 세상에 태어났을 때 나는 몸이 무척 허약했다. 언제 세상을 떠날지 모를 정도로 작은 몸집인 나를 보고 가족들은 작은 수캉아지라는 뜻의 경상도 방언인 '쑥개'라는 별명을 지어줄 정도였다. 이런 나를 외할머니는 업어서 키우셨고 덕분에 등 뒤에서 편안하게 온갖 소리를 들으며 지냈다. 때문에 어린 시절 내 청각은 좀 더 예민해졌을지도 모른다.

본격적으로 나를 소리공학자의 길로 인도해주신 건 아버지였다. 할머니가 내게 처음 소리를 들려주신 분이라면 아버지는 내게 소리의 세계를 처음 열어주신 분이었다. 손재주가 좋으셨던 아버지는 어린 내게는 세상의 모든 기계를 다 고칠 수 있는 전지전능한 분처럼 보였다. 고장 난 기계들을 물끄러미 들여다보시다가 공구를 들고 이리저리 살피고 고치시던 아버지. 그러면 곧 기계가 다시 마법처럼 작동하곤 했고 그 모습을 보는 것은 어린 시절 내게 큰 즐거움이었다. 그중에서도 나를 가장 감동시켰던 것은 소리를 내는 기계들이었다. 라디오와 축음기뿐만 아니라 온갖 다양한 소리를 내는 기계들이 어린 시절 내 주변에 많이 있었다.

아버지가 기계를 만지던 모습을 바라보기만 하던 나는 직접 만져보고 싶은 충동을 느끼기 시작했다. 대여섯 살쯤 되었을 무렵 어느 날, 나는 아버지가 작업장에 안 계시는 틈을 타서 소리가 나지 않는 구형 광석라디오를 순식간에 해체하기 시작했다. 그러나 다시 조립하기 위해 혼자 무던히 애를 썼지만 쉽지 않았다. 전깃줄에 대보았다가 감전이 되어 잠시 정신을 잃기도 했다. 땀을 뻘뻘 흘리며 뜯었다가 다시 조립하고, 그래도 소리가 나지 않으면 다시 뜯고 조립했다. 이를 반복하던 어느 순간, 라디오에서 '지이직~' 하는 잡음이 들리기 시작했다. 사실 광석라디오에서는 깨끗한 소리가 나오기 힘들다. 비록 잡음이었지만 내가 만든 첫 소리였기에 이 세상에서 들었던 그 어떤 소리보다 가장 아름다운 소리로 지금까지도 생생히 기억하고 있다.

초등학생이 되었을 때 드디어 일석라디오를 조립할 수 있게 되었다. 그 후 라디오를 조립하는 실력은 나날이 발전해 중학교 때는 일반적으로 판매되던 라디오인 육석라디오를 조립할 수 있게 되었다. 중학교 2학년이 되었을 때 마침 대구에서 '전국라디오조립경연대회'가 열렸고 대회에 참가해서 실력을 인정받기도 했다. 이후로도 많은 상을 받았지만 좋아하는 라디오를 잘 조립해서 상을 받았다는 사실에 얼마나 어

ᅵᅵ 내게 미래를 열어준
전국라디오조립경연
대회의 모습이다.

깨가 으쓱하던지. 지금도 시골집 벽에 걸려 있는, 잉크가 다
날아가 글씨조차 제대로 읽을 수 없는 상장을 볼 때면 아련
한 추억이 되살아난다.

　당시는 라디오가 참 소중한 존재였다. 시골의 밤은 일찍 찾
아오기 때문에 어둠이 내리기 시작하면 모두들 모여앉아 라
디오를 켰다. 전깃불을 아끼기 위해 밤이면 은은한 달빛이나
반짝거리는 반딧불과 더 가깝게 지내던 그 시절, 쏟아지는 달
빛과 함께 라디오에서 나오는 온갖 소리로 인해 나는 웃고 울
고 흥분하고 분노하고, 동시에 위로받았다. 소리로만 모든 것
을 상상하게 하는 멋진 세상이었다.

소리란
무엇인가

많은 사람들은 소리를 공기처럼, 혹은 바람처럼 그 존재를
미처 알아채지 못하고 흘려보내기 일쑤이다. 나는 사람들을
만나면 묻곤 한다. "당신의 첫 소리는 무엇이었나요?" 심리
학에서는 인생의 첫 기억이 개인의 자아 형성에 큰 영향을
미칠 수 있다 하여 무척 중요시하던데 소리공학자인 내게는
사람들의 첫 소리가 무엇이었는가가 자못 궁금하고 중요하
다. 여러분은 소리와의 첫 만남을 어떤 모습으로 기억하고
있는가?

　대부분의 사람들은 엄마 배 속에서 소리를 처음 듣는다.
물론 이때의 소리는 우리가 평상시에 듣는 소리가 아니라 여
러 소리들이 한데 합쳐져 분명하지 않은 채 멀리서 들려오는
'백색소음white noise'이다. 진공청소기를 작동했을 때나, 지금
은 접하기 힘든 구식 TV의 채널을 돌리는 동안 화면이 흔들

리면서 나오는 소리 등이 대표적이다. 이는 얼핏 듣기에는 아무런 의미가 없는 소리라고 생각되지만 실제로는 자연에서 익숙하게 듣는 바람소리, 물소리와 같아서 우리 마음을 진정시켜주고 한 가지 일에 집중하게 만드는 효과가 있다. 백색소음의 소리 스펙트럼을 보면 저음과 고음 등 모든 대역의 음들을 갖고 있다는 특징이 있다. 하지만 이런 소리를 엄마 배 속에서 들었다는 것을 기억하는 사람은 아무도 없을 것이다.

그렇다면 여러분이 기억하고 있는 첫 소리는 무엇이었을까? 엄마와 아빠가 내 이름을 불러주는 소리, 가족의 웃음소리, 즐거운 노랫소리, 잔잔한 바람소리나 시원한 파도소리일 수도 있고 구슬픈 악기소리, 아이의 울음소리, 혼잡한 도시의 소음이나 절망과 공포를 불러일으키는 회초리 소리, 야단치는 소리, 비명소리, 동물의 울음소리, 혹은 참기 힘든 욕설일 수도 있다. 나처럼 할머니가 들려주는 자장가 소리, 두런두런 이야기를 들려주는 목소리일 수도 있다.

잠시 시간을 내어 자신의 기억 속에 남아 있는 어린 시절의 소리는 어땠는지 한번 떠올려보길 권한다. 그리고 앞으로 내 아이에게 들려주고 싶은 첫 소리가 있다면 어떤 소리일지 잠시 주위에서 들려오는 소리에 귀를 기울여보라. 내가 어떤 소리를 들으면 행복한지, 불안한지, 마음이 평화로워지는지 생각해보라. 여러분은 그동안 의식하지 못했겠지만 분명 소리에 영향을 받으며 살아가고 있다. 청소기 소리를 틀어주면 울던 아이도 새근새근 잠이 들고, 학생들은 집중력을 향상시켜준다는 소리를 들으며 공부를 하고, 또 요즘에는 소리 때문에 싸움이 일어나기도 한다. 소리라는 존재는 과연 무엇이기에 우리 마음까지 이리저리 이끌고 우리를 알게 모르게 움직이는 것일까?

　소리는 과학적으로 에너지를 갖는 진동, 즉 떨림이다. 1초 동안 발생하는 진동수를 주파수로 표현하는데 주파수는 우리가 귀로 듣는 음의 높이를 결정한다. 주파수의 기본 단위는 헤르츠Hz이다. 독일의 물리학자 하인리히 헤르츠Heinrich Hertz의 이름에서 따온 용어로 그는 라디오파를 만들어내는 장치를 개발해 전자기파의 존재를 처음 입증했다. 100헤르츠의 주파수는 성대가 1초 동안 100번 떨린다는 의미이다. 사람이 들을 수 있는 주파수는 20~20,000헤르츠로 알려져 있다. 그러나 모든 음역의 소리를 다 잘 들을 수 있는 것은 아니다. 특히 높은 음역에서는 주로 3,000~4,000헤르츠를 잘 듣는다. 100헤르츠 이하의 소리는 귀에 잘 들리지 않지만 대신 피부나 척추 등의 신체 일부분의 떨림으로 듣기도 한다.
　우리가 말을 하면 성대의 떨림이 발생하고 그 떨림수에 따라서 목소리의 톤이 결정된다. 성대 떨림은 성대의 피부조직

외에도 폐활량이나 체력 등에 영향을 받는다. 따라서 사람마다 기본 성대 떨림수, 즉 '기본 진동수fundamental frequency'가 다르다. 우리가 말을 할 때 귀로 듣기에 좋은 목소리는 남자의 경우 110~130헤르츠, 여자는 210~240헤르츠 정도가 적당하다. 물론 나이가 어릴수록 성대 떨림이 많기 때문에 주파수와 음높이는 더 높아진다. 기본 진동수의 배가 되는 진동 모드를 배음harmonic overtone이라고 하는데 기본 진동수의 2배, 3배 등 배수가 되는 진동수를 제1배음, 제2배음 등으로 나타낸다. 목소리를 분석하면 신체적 조건이나 건강상태, 음주나 동일인인지의 여부 등을 알 수 있는데, 이것도 개인마다 서로 다른 기본 진동수와 배음 덕분이다.

기본 진동수는 사람의 성대뿐만 아니라 모든 물체에도 존재한다. 악기는 진동을 만드는 공명통의 재질이나 크기, 모양에 따라 고유한 기본 진동수와 배음을 만들어 서로 다른 음색을 갖게 된다. 절대음감을 갖고 있는 사람들은 악기뿐만 아니라 모든 물체의 기본 진동수와 배음을 귀로 들을 수 있기 때문에, 악기가 없어도 주변의 물체들이 내는 소리에서 해당 음계를 찾아내어 노래를 연주하기도 한다. 물론 주변 소음이나 그릇 등의 생활용품에서 나오는 소리를 들어도 음계로 표시할 수 있다.

소리의 크기는 소리공학이나 음향, 전자공학에서는 데시벨decibel, dB이란 단위를 사용한다. 약간 복잡한 수식을 사용해서 전기 에너지에 대비한 음압 에너지의 값을 계산하는 벨 Bell이라는 단위가 있고 벨을 십분의 일, 즉 데시로 계산하는 단위가 바로 데시벨이다. 전력은 전압(전류)의 제곱에 비례하므로, 10배의 전압비는 100배의 전력비가 되고, 데시벨로 나타내면 두 배인 20데시벨이 된다. 물론 소리가 커질수록 데시벨도 증가한다.

소리는 이처럼 소리의 높이와 크기로 객관적으로 표현될 수 있는데 경우에 따라서는 지속 시간을 표기할 필요성이 발생한다. 특히 소음의 경우 높이와 소리, 지속 시간에 따라 소음인가 아닌가를 구분하기 때문에 지속 시간 또한 소리를 나타내는 중요한 단위라 할 수 있다. 그러나 과학적인 용어나 정의만으로 소리를 모두 표현할 수 있는 것은 아니다. 이 세상에 태어나서 죽을 때까지 우리 곁에 있는 소리는 과학 이상의 것이며 바로 우리의 삶 자체이기 때문이다.

소리에
미친 남자

라디오를 만지작거리던 어린 소년은 자라서 소리공학자가
되었다. 그 과정은 물론 평탄하지만은 않았다. 넉넉지 않은
가정형편에 공업고등학교로 진학했고 졸업 후에는 전자제품
관련 회사에서 직장생활을 시작했다. 이웃이나 친지들이 수
시로 찾아와 라디오며 텔레비전을 고쳐달라는 부탁을 했었
고 정성을 들여 수리를 해주면 고맙다는 인사로 용돈을 주곤
했다. 직장생활을 1년쯤 하고 나서야 등록금을 마련해 대학
교에 진학할 수 있었으니, 결국 대학교를 다닐 수 있었던 것
도 소리 덕분인 셈이다.

　대학교를 졸업한 후 대학원 과정에 들어가면서 본격적으
로 소리공학자로서의 인생을 시작했다. 박사가 되었고 이어
대학교수가 되었다. 하지만 처음 소리를 연구하기 시작했던
당시에 품었던, 실생활에 직접적으로 도움이 되는 실용적인

연구를 많이 하고 싶다는 생각은 '소리공학'의 일인자로 자리매김한 지금까지도 달라지지 않았다. 내가 소리공학자가 될 수 있었던 것은 살아남기 위해 부딪쳐야만 했었던 이런저런 실생활에서의 소리 체험들 덕분이기 때문이다.

소리는 나를 언제나 설레게 만든다. 특히 소리와 과학이 만나는 소리공학은 언제나 내 가슴을 이십대 청춘처럼 뛰게 만든다. 내게는 너무나 익숙한 소리공학이지만 일반 사람들에게는 아직 익숙하지 않은 분야일 것이다.

'소리공학'은 내가 처음 만든 말이다. 1992년 모교인 숭실대학교에 전임교수로 자리를 잡으면서 '소리공학연구소'를 만들었다. 소리공학을 영어로 하면 'sound engineering'이 되는데, 이 용어는 주로 음악을 녹음할 때 최고의 음질이 나올 수 있도록 기계를 조작하는 기술적인 의미가 더 강한 음향공학을 뜻한다. 소리 자체를 연구하는 소리와 공학의 만남과는 거리가 있는 것이다. 그래서 우리말 '소리'와 과학과 기술을 대표하는 '공학'이라는 단어를 합성해서 '소리공학'이라는 말을 사용하게 되었다.

그 후 20년이 넘는 세월 동안 열심히 노력한 덕분인지 지금은 많은 사람들이 '숭실대학교' 하면 맨 먼저 소리공학연구소를, '소리' 하면 소리공학연구소와 배명진 교수를 떠올릴 정도로 유명해졌다. 그러다 보니 웃지 못할 일들도 많이 생기곤 한다. TV 뉴스나 프로그램에서 인터뷰를 하면 내가 이야기한 적도 없고 명함에도 적혀 있지 않은 '숭실대 소리 공학과 교수'라는 자막이 나오곤 한다. 우리 학교, 아니 우리나라에 있는 그 어떤 대학교에도 소리공학과는 없는데도 말이다. 숭실대학교의 경우 소리공학연구소는 IT 대학 내에 있는 '정보통신전자공학부'에 속해 있다.

이제 소리공학이라는 말은 꽤 알려진 단어가 되었다. 하지만 구체적으로 무엇을 연구하는 학문이며 우리에게 어떤 도움을 주는지 정확하게 알고 있는 사람들은 많지 않다. 내가 정의하는 소리공학은 우리 주변의 모든 소리를 분석하고 규명해서 실생활에 도움이 될 수 있도록 만드는 기술이다. 여러 가지 방법으로 우리에게 도움이 되는 소리를 만들고, 반면 도움이 되지 않는 소리는 없애거나 줄여준다. 또 주변에서 들리는 수많은 소리를 분석하며 들리지는 않지만 어딘가에 숨어 있는 소리를 찾아내기도 하고, 더 나아가 보다 선명하게 보다 효과적으로 소리를 전달하는 방법을 알아내는 것이 바로 소리공학이다. 소리공학은 소리 자체의 물질적인 특성이나 과학적인 분석 방법만 공부한다고 해서 되는 것이 아니다. 소리를 과학적으로 혹은 공학적으로 접근하는 데는 다양한 방법과 분야가 있기 때문이다.

내가 생각하는 소리공학은 이 모든 연구 분야를 한데 모아 놓은 것이다. 어떤 소리도 내게는 흥미로운 연구 대상이며

‖ 대학원 때 직접 만든
컴퓨터로 소리공학의
실용화를 꿈꿨다(위).
소리공학자가 된
이후에는 다양한 소리
관련 실험과 인터뷰를
해왔다(아래).

배명진 교수의 소리로 읽는 세상

소리와 관련된 것이라면 무엇이든, 그 소리에 과학적인 분석과 공학적인 기술을 더하여 우리의 삶에 보다 더 도움이 되는 소리로 만들 수 있다면 모두 소리공학의 연구 대상이 될 수 있다.

아마도 이 책을 읽다 보면 독자들도 나의 관심영역이 다양하고, 그 모두를 아우르는 하나의 공통분모가 바로 소리라는 사실을 알게 될 것이다. 결국 소리를 분석하고 궁극적으로 소리가 우리에게 도움이 될 수 있도록 필요한 과학기술과 접목시키는 학문이 바로 소리공학이기 때문이다.

보다 행복하게,
보다 실용적으로

소리에는 셀 수 없을 만큼 많은 종류가 있다. 사람의 목소리, 즉 말소리, 웃음소리, 울음소리가 있으며 동물들이 내는 울음소리가 있다. 또 자연이 만들어내는 바람, 비, 천둥번개, 폭포, 파도 등의 소리 외에도 건반악기, 타악기, 관악기, 현악기 등 온갖 악기들이 저마다의 특성을 가지고 내는 소리들이 있다. 우리 모두에게 익숙한 한국적인 소리가 있는가 하면 낯선 이국적인 소리도 있다. 도움이 되는 소리도 있고 도움이 되지 않는 소음들도 있다. 여기에 언급되지 않은 소리들이 더 있을 것이며 혹은 여러분이 나보다 더 많은 소리의 종류를 알고 있을지도 모를 일이다.

이렇게 소리의 종류가 많다 보니 소리를 연구하는 학문 분야도 다양하다. 우선은 과학적인 기술을 사용하는 학문이므로 전자공학이나 기계공학의 한 분야로 분류되기도 한다. 개별 연구 분야로는 소리의 물리적인 특징을 중점적으로 연구하는 '음향학'이 있지만 이 또한 음원에 보다 밀접하게 연결되어 음원을 장르나 필요성에 따라 효과적으로 저장하고 재생할 수 있도록 하는 '음향공학'과 물리적인 특성이 보다 강조되는 '진동학'으로 나뉠 수 있다.

전화가 발명된 이후에는 소리를 보다 효과적으로 전달하기 위한 과학기술을 개발하는 데 관심이 집중되었다. 통신설비를 사용해 사람의 말소리를 상대방에게 보다 효과적으로 전달하려는 '음성통신공학', '신호처리공학'이 있으며 우리 귀에는 들리지 않는 초음파나 초저주파를 사용하여 신체의 건강상태를 알아보거나 설비구조의 강도를 점검하고 깊은 바닷속 해양탐사에 사용되는 등의 여러 가지 소리 응용 분야가 있다. 아마도 사람의 목소리를 문자화하는 음성인식이나 다른 언어로 번역해주는 기계번역도 인공지능과 함께 소리에 관련된 과학적 응용 분야로 볼 수 있을 것이다. 새롭게 주목받는 분야로는 소음을 줄이거나 혹은 들어도 좋은 소리로 바꾸는 '소음공학'도 개별 연구 분야로 자리 매김하고 있다.

지금까지의 소리공학이 소리와 과학기술의 접목이라면 앞으로의 소리공학은 과학기술의 한계를 넘어서야 한다. 그 한계를 넘어서려면 우리 사회에서 이슈가 되고 있는 두 가지 단어를 기억할 필요가 있다. 바로 융합과 감성이다.

배명진 교수의 소리로 읽는 세상

두말할 필요 없이 21세기 현대사회의 화두 중 하나는 융합이다. 각자의 고유 영역을 넘어서서 인접 학문이나 심지어는 상반된 영역의 학문과도 서로 소통하고 조화롭게 화합할 수 있는 가능성을 탐구하는 시대이다. 융합을 통해 학문의 영역을 넘어서려면 그 바탕에는 무엇보다도 우리의 감성이 필요하다. 논리적인 추론이나 이성적인 판단으로는 불가능해 보이는 일들도 인간의 따뜻한 시선 하나로, 감성적인 손길 한 번으로 가능하게 만들 수 있다.

소리공학의 세계에도 융합과 감성이 필요하다. 감성적인 시각에서 소리에 접근해보면 음향학도, 진동학도, 음성통신공학도, 소음공학도, 신호처리공학도, 음성학도, 기계번역도 결국은 우리를 행복하게 하는 소리를 만들거나 찾아내고자 하는 공통된 목표를 갖고 있음을 알게 될 것이다. 즉 함께 융합함으로써 그리고 감성적으로 접근함으로써 보다 실용적으로 소리를 사용할 수 있게 되는 것이다.

소리공학은 융합과 감성이 더해진다면 고부가가치를 얼마든지 창출할 수 있는 학문이다. 소리를 잘 이용하면 초음파 기기처럼 의료기술에도 사용할 수 있고, 건축물 시공 시 주변 지형이나 구조물의 안전 상태를 파악하고 분석하여 사전 경고해주는 장비에도 사용할 수 있다. 깊은 바닷속, 눈으로 보이지 않는 물체를 탐지할 수 있으며, 음원을 잘 처리하는 방법은 보다 높은 수준의 음향기술로 응용될 수 있고, 통신

ll 소리공학연구소에서 이루어지는 모든 연구는 우리 생활을 행복하게 만들어가는 과정의 일부이다.

설비의 향상도 가져올 수 있다.

더 나아가 시각에 장애를 갖고 있는 사람들을 위한 지원 시스템으로도 활용될 수 있으며 사람의 목소리를 분석하여 음주나 건강상태 여부를 판단함으로써 사고를 사전에 예방하는 효과를 볼 수도 있다. 물론 이 중에는 이미 개발이 되어 현장에서 사용되는 경우도 있고 조만간에 개발이 예정되어 있는 것도 있으며 앞으로 개발되어야 할 분야들도 있다. 이처럼 소리가 활용될 수 있는 분야는 무궁무진하다. 그러나 이 모든 활용은 인간적인 감성이 있을 때 제안되고 연구되어지며 결국 실생활에서 효율적으로 접목될 수 있는 것이다.

차가운 기계에서 만들어내는 소리라 하더라도 우리의 삶을 보다 풍성하게 만들고, 힘들 때 위로해줄 수 있는 따뜻한 소리로 바뀔 수 있도록 도와주는 과학기술. 그것이 바로 소리공학이 추구하는 바라고 생각한다.

이제 여러분도 나와 함께 소리의 세계로 들어가 보자. 단순히 우리 귀에 들리는 모든 소리가 아니라 내게 도움을 주고 활력을 되찾게 해주는 건강한 소리, 나를 행복하게 만들어주는 좋은 소리, 우리에게 위안을 주는 참된 소리, 눈으로 보는 것보다 더 큰 상상력을 만들어내는 소리, 청감을 넘어 우리의 오감을 만족시킬 수 있는 소리의 세계는 과연 어떤 모습일까? 그 세계는 우리에게 어떤 이야기를 해줄 수 있을

배명진 교수의 소리로 읽는 세상

까? 또한 우리는 어떤 소리들을 찾을 수 있으며 어떤 소리들을 만들 수 있을까? 지금부터 그 모든 궁금증을 하나씩 풀어 보는 시간이 될 것이다.

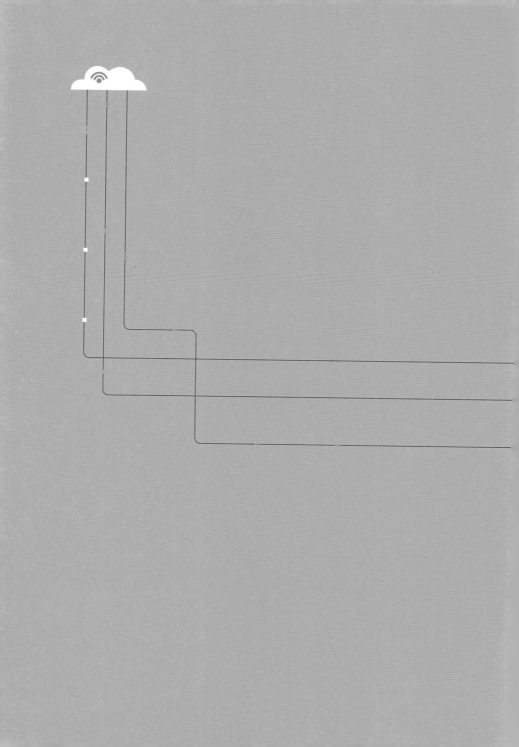

2부

소리가 들려주는
세상 이야기

소리의 무한한 힘,
그 한계를 찾아라

소리는 진동이다. 진동은 힘을 가지고 있다. 그렇다면 소리의 힘으로 우리는 무엇을 할 수 있을까? 소리의 힘으로 물체를 움직일 수도, 열을 발생시킬 수도 있을까? 눈이 보이지 않는 사람은 소리를 이용해 사물을 보기도 하고, 어떤 사람은 소리를 통해 수많은 물고기가 모여 있는 곳을 정확히 찾아내기도 한다는데, 가능할까? 또한 소리는 우리의 정신을 집중시켜주며 공부와 업무 능률을 향상시켜준다는데, 과학적인 이야기일까? 소리가 정말 이런 힘을 가지고 있을까? 말도 안 되는 소리 같지만 소리에는 우리가 생각하는 그 이상으로 강한 힘이 있다. 소리가 가진 무한한 힘에 대해 실제 겪은 에피소드를 통해 그 비밀을 밝혀보려 한다.

소리로 TV를
켤 수 있을까

KBS의 한 작가로부터 연락이 왔다. 캘리포니아대학교의 한 교수가 초음파를 이용해 계란을 삶았다는 실험논문을 발표했는데, 이에 근거하여 소리를 모아 라면을 끓일 수 있는지 소리공학연구소에서 실험해달라는 제안이었다. 물론 소리는 진동이고 에너지이므로 소리에너지를 열에너지로 전환할 수 있다면 이론적으로는 충분히 가능한 일이라고 대답했다. 그렇지만 실제로 실험을 하기에는 어려운 몇 가지 문제점이 있었다. 우선 귀로 들리지 않는 초음파의 소리에너지를 열에너지로 바꾸려면 초음파 센서를 특별히 주문 제작해야만 했고, 그 에너지를 모아 전기에너지로 바꾸고 히터를 가열해야 하니 준비기간만 족히 1년은 걸릴 프로젝트였다. 더욱이 실험장치 제작에는 수억 원의 비용이 들어갈 것이었다.

논의 끝에 우리 연구팀은 작가에게 대안을 제시했다. 귀에 들리지 않은 초음파 대신 오디오용 일반 스피커를 사용하여 TV를 켜보는 것이다. 이런 실험에는 피험자가 아주 큰 소음을 감내해야 하는 불편함이 따른다. 이외에도 먼저 소리에너지를 전기에너지로 변환할 수 있는 센서 중 상당한 양의 전력을 무리 없이 발생시킬 방법이 필요했다.

그 무렵 소리공학연구소에서는 초중고 학생들을 대상으로 소리 체험 교실을 운영하고 있었다. 가장 먼저 실시하는 체험은 '소리의 힘'을 직접 느껴보는 것이었다. 우선 12인치 이상의 대형 우퍼스피커에서 음악소리가 나오게 하고는 그것을 사람의 갈비뼈만 한 아크릴 통에 쏘아준다. 그러면 통 위에 올려둔 비비탄들이 소리의 힘을 받아 서로 다른 방향과 높이로 튕겨 오르면서 장관을 이룬다. 이때 대형 우퍼에서 발생하는 소리의 크기는 평균 소리전력이 100와트를 넘는다. 그래서 이번 실험에도 이러한 방법을 사용할 수 있다고 판단했지만 무엇보다도 이 소리를 받아서 전기로 변환하는 장치와 센서가 필요했다.

그러던 중에 스피커의 원리를 눈여겨보게 되었다. 스피커는 오디오의 전기에너지를 공기 떨림의 소리 음향에너지로 변환해주는 장치이다. 전기를 자석이 있는 코일에 흘려주면 전류가 흐르는 방향에 따라서 진동판을 당기거나 밀어 공기의 순간압력을 변화시켜 음파를 발생시킨다. 반면 스피커 진동판인 콘지에 소리 압력파가 전달되면 진동판이 떨리고, 그곳에 붙어 있는 코일이 자석 속에서 소리를 따라 움직이면, 패러데이의 법칙Faraday's Law(마이클 패러데이가 1833년 발견한 전기분해 법칙과 1831년에 발견한 전자기유도 법칙)에 따라서 소리의 크기에 비례하는 전기가 발생하게 될 것이다. 즉 스피커는 전기에너지를 소리에너지로 바꿔주는 장치이지만, 반대로 큰 소리에너지가 스피커의 진동판을 진동시키면 그에 비례하는 전기가 발생하는 발전기로도 사용할 수 있다.

이 원리에 입각하여 실험 준비를 마친 후 먼저 소리로 램프를 켜는 실험을 해보았다. 대부분의 오디오 시스템은 스피커가 한 쌍으로 되어 있으므로 실험을 더욱 용이하게 해주었다. 한쪽 스피커는 오디오앰프에 연결하여 음악을 큰 소리로 들려주고, 다른 쪽의 스피커는 진동판을 마주보게 하면서 스피커의 연결라인에 램프LED를 연결했더니 드럼악기를 사용한 비트음악이 나올 때마다 램프의 불빛이 번쩍거렸다.

이젠 좀 더 욕심을 내어 노래방에서 사용하는 싸이키 조명을 구동해보고자 했다. 그러나 평균 출력 25와트의 일반 오디오앰프를 통해 발생시킬 수 있는 전압은 볼륨을 최대로 올린다 하더라도 3볼트 이내였다. 싸이키를 구동하려면 최소한 10볼트의 평균 전압이 필요하기에 가정용 오디오 시스템으로는 부족했다. 그래서 노래방이나 소규모 행사장에서 사용하는 스피커앰프 일체형을 사용해 다시 실험을 진행했다. 그러자 목소리와 음악의 드럼비트에 따라 여러 곳으로 불빛이 새어 나오면서 전등이 소리에 따라 돌기 시작했다.

이제는 소리로 TV를 켤 차례였다. KBS 촬영팀에 실험도구를 추가로 요청했다. 공연장에서 사용하는 초대형 스피커와 앰프, 스피커에 보내는 앰프의 출력으로 60헤르츠의 정현파sine wave(교류 발전기에 의해서 얻어지는 교류 전압과 전류가 정현파에 가까운 파동이다) 신호를 발생시키는 장치가 필요했기 때문이다. 즉시 일산에 있는 공연장 음향 전문회사가 섭외되었고, 그곳에서 소리에너지 변환실험을 하게 되었다. 길이 2미터, 높이와 폭이 각각 1미터 정도의 데스크형 스피커를 마주보게 하고, 한쪽은 60헤르츠의 음파를 발생하게 했다. 이때 다른 쪽 스피커의 라인전압을 측정해보니 무려 68볼트의 전압이 소리에 의해 발전되고 있었다.

한쪽 대형 스피커를 통해 발생하는 소리를 좀 더 크게 해보았으나, 다른 쪽 스피커에서 발전되는 전압은 크게 증가하지 않았다. 우리는 최소한 100볼트가 넘는 전압이 필요했다. 그래서 시중에서 판매하는 승압용 변압기를 구해 전압을 2배로 높였더니, 드디어 100볼트 이상의 전압을 얻을 수 있었다. 변압기는 우리나라 가정용 전원 220볼트를 미국이나 일본 등에서 가정용으로 사용할 수 있도록 110볼트로 변환하는 것을 개조해서 사용한 것이다. 발생 전기가 130볼트 이상으로 높아진 상태에서 이 소리전기를 AC 어댑터를 사용하는 LCD형 17인치 모니터형 TV의 전원에 연결했다. 한쪽 스피

커에 소리를 발생시키는 순간 TV가 켜졌고 화면이 밝아지면
서 방송이 잡히기 시작했다. 실험에 참여했던 모든 사람들이
일제히 환호성을 질렀다. 소리로 전력을 생산하여 TV를 켜
는 데 성공한 것이다.

　애초에 방송국의 요청은 소리로 전력을 생산하여 라면을
끓이는 것이었다. 대형 스피커 엔지니어에게 라면을 끓일 수
있는 장시간의 소리를 발생하도록 요청했으나 거절당했다.
이 정도의 소리전력을 몇 분 동안 유지하면, 스피커가 열을
받아 보이스코일이 타버릴 수 있다는 것이다.

　그렇다! 이론적으로는 수백 와트의 소리전력을 지속적으
로 생산하여 라면을 끓일 수 있지만, 큰 전력을 쉴 틈 없이
지속적으로 공급한다는 것은 물리적 한계에 봉착한다. 그래

서 소리로 전력을 생산하는 실험의 촬영은 여기서 멈추었다.

　대신 〈독도는 우리 땅〉을 가장 크게 부를 수 있는 목소리 큰 사람을 뽑는 선발대회가 개최되었다. 이때 발성한 목소리는 130데시벨을 넘었고, 국내 TV 방송을 타고 일본에까지 전달되었다. 이 행사는 국내 최초로 시도된 것이어서 그 결과가 '한국 기네스북'에 등재되기도 했다. 소리는 여러 방면으로 강한 힘을 가지고 있다는 사실을 증명한 것이다.

소리가 무너뜨린
거대한 다리

소리로 TV를 켜고 물체를 움직이고 라면도 끓일 수 있다면, 과연 소리의 힘은 어디까지일까? 소리로 사물을 깨뜨릴 수 있을까? 유리잔처럼 투명하고 얇은 물체가 아닌 다리와 같은 상당한 두께의 견고한 물체도 무너뜨릴 수 있을까?

어느 날 KBS 〈스펀지〉 제작팀으로부터 사람 목소리만으로 와인잔을 깨는 실험을 하기 위해 각 분야의 목소리 대가들을 방송국에 불러 모았다는 연락을 받았다. 그동안 우리 연구팀은 스피커에서 나오는 소리로 와인잔이나 유리컵을 깨뜨리는 실험을 수십 번 수행하여 모두 성공했었다. 그러나 사람 목소리만으로 와인잔을 깨뜨리는 실험은 시도하지 못해 아쉬워하고 있던 참이었다.

이 실험에는 성악가, 가수, 개그맨, 판소리 명창, 웅변가 등이 참여했다. 실험을 시작하기 전 우리 연구팀은 효과적으로 소리를 지를 수 있는 과학적인 방법을 참가자들에게 숙지시켰다. 와인잔이 작은 소리에도 잘 깨지려면 고유진동수를 알아야 했기 때문에 이를 측정해 알려준 것이다. 소리는 떨림, 즉 진동을 통해 에너지를 물체에 전달하는데, 모든 물체는 각각의 고유한 진동수를 갖고 있다. 특히 소리의 떨림이 공기를 타고 물체에 전달되는 과정에서 물체의 고유진동수와 소리의 떨림이 일치할 때 큰 울림이 나타나는데, 이를 '공명 현상'이라고 한다. 따라서 목소리를 오랫동안 지속적으로 발성하면서 진동에너지를 와인잔의 고유진동수에 일치시키면 와인잔은 점차 큰 떨림으로 울리게 되고, 이를 계속 지속하면 결국 와인잔은 탄력을 잃고 깨지고 만다.

제일 먼저 보컬그룹의 가수가 기타를 치면서 와인잔에 입을 가까이 대고 힘껏 노래를 불렀다. 이때 소리의 떨림 현상을 가수가 눈으로 직접 확인할 수 있도록 길쭉한 빨대를 와인잔 안에 넣어두었다. 노래하면서 목소리의 음높이를 변화시키면 공기를 타고 소리의 떨림이 와인잔에 전달되고, 와인잔의 고유진동수와 목소리의 주파수가 일치할 때 빨대가 심하게 흔들리면서 견디다 못해 튕겨 나온다. 그러나 가수가 30여 분 동안 목청을 높이며 힘껏 노래를 불렀으나 와인잔은 깨지기는커녕 빨대의 흔들림조차 거의 나타나지 않았다.

이어서 성악가, 판소리 명창, 개그맨, 웅변가가 차례로 최대한 크게 발성했으나, 빨대가 조금 흔들렸을 뿐 와인잔은

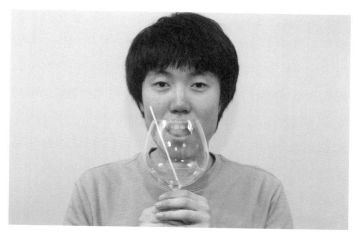

‖ 목소리로 와인잔을
깨려면 가벼운 빨대를
넣어 떨림을 관찰해야
한다.

깨질 기미를 보이지 않았다. 혹시 와인잔이 특수 제작된 것
인가 싶어 와인잔을 바꾸거나 손으로 가볍게 두드려보기도
하고, 기울이거나 뒤집으면서 목소리가 닿는 부위를 여기저
기 바꿔가며 시도해보았다. 그러나 빨대가 튀는 공명 현상은
크게 나타나지 않았다.

 이제 남은 사람은 남녀 한 쌍의 발라드 가수뿐이었다. 두
사람 모두 목소리로 스피커를 찢어버렸을 정도의 큰 목소리
를 갖고 있다며 아주 자신만만해했다. 하지만 실패를 계속
반복할 수 없다는 생각에 우리는 왜 와인잔이 깨지지 않는지
그 원인을 분석하기 시작했다. 먼저 가수들이 목소리를 내는
장면을 상세히 찍기 위해 슬로모션 촬영용 카메라를 사용하
면서 강한 조명을 비추고 있었는데, 거기서 발생한 열이 와

인잔의 온도를 조금씩 높이고 있었다는 사실을 알아냈다. 온도가 증가하면 물체의 고유진동수가 달라지기 때문에 우리가 측정해준 와인잔의 공명 주파수 값이 틀어진 것이다. 그래서 이번에는 가수들이 자신의 귀를 통해 와인잔의 공명음을 직접 감지할 수 있도록 목소리를 발성하기 전, 손가락으로 와인잔을 가볍게 튕겨주었다. 그때 나오는 소리를 귀로 확인하면서 그에 맞는 목소리로 발성하도록 안내했다.

공명을 제대로 맞추고 나니 목소리를 평소 크기로 발성해도 와인잔의 고유진동수와 목소리의 진동수가 일치할 때마다 빨대가 요동을 치기 시작했다. 또한 잔의 테두리가 크게 떨리면서 윙윙거리는 소리를 내고 있는 모습을 소리와 눈으로 확인할 수 있었다. 여성 발라드 가수의 목소리로 3시간 동안이나 실험은 계속되었다. 빨대가 잔 밖으로 날아가는 경우가 여러 번 있었고, 그때마다 "조금만 더!" 하는 환호성이 터지면서 그녀가 자신감을 잃지 않도록 계속 격려했다. 그러나 시간이 지나면서 목이 쉬더니 점차 탁한 목소리를 내게 되었고 결국은 포기하고 말았다.

마지막으로 남자 가수만 남게 되었다. 그런데 이때 우리는 문제점을 한 가지 더 발견했다. 목소리의 톤을 와인잔의 고유주파수에 일치시키는 것도 중요하고 소리를 어떻게 지속하는가도 중요하지만, 가장 중요한 것은 목소리의 에너지를 어떻게 하면 효율적으로 와인잔에 전달하는가의 문제였다.

그래서 가수가 입을 크게 벌렸을 때 입의 단면적보다 2배 이상 큰 와인잔을 준비했다. 큰 와인잔이 작은 잔보다 더 깨지기 쉽기 때문이다. 유리에 불순물이 더 많이 포함되어 있고 유리 벽면이 약하며, 목소리가 닿는 면이 좀 더 커져 소리 전달이 잘 되기 때문이다.

그는 손가락으로 와인잔을 두들기면서 공명을 확인해가며 목소리를 거의 3시간 반 넘게 지르더니 어느 순간 와인잔의 테두리가 크게 요동치는 것을 보고 더 자신감을 얻었다. 그리고 다시금 호흡을 고르고 나서 목소리를 내는 순간, 마침내 유리벽에 금이 가면서 '쨍~' 하고 와인잔이 깨져버렸다. 정말 감격스러운 순간이었다. 현장에 있던 모두는 마치 높은 산의 정상을 정복한 듯 승리의 기분을 만끽했다. 이 실험으로 소리는 진동이며 에너지를 갖고 있다는 사실이 다시 한 번 입증되었다. 특히 약하기만 하다고 여겨지는 사람의 목소리로 물체의 진동에 맞게 떨림을 만들어내면 강한 유리벽도 무너뜨릴 수 있다는 사실을 과학적으로 입증한 사례였기 때문에 그 의미가 컸다.

이러한 소리의 공명 현상은 실생활에서도 많이 발견된다. 농구 선수들이 공을 두드리며 상대편 진영을 향해 달려갈 때도 소리 과학의 비밀이 숨어 있다. 한 손으로 계속 드리블을 할 경우 공이 바닥에 닿았다가 튕겨 올라올 때 진동주기와 손의 움직임이 정확히 일치하여 공명이 일어나면, 손목의 힘만으로도 공을 튕길 수 있다. 즉 손목의 작은 힘으로도 공의 진동을 계속 유지할 수 있게 되는 것이다.

공명의 원리는 그네에도 적용될 수 있다. 그네가 뒤로 높이 올라가서 다시 내려오는 순간 발에 약간의 힘만 주면, 그네가 더 높이 뛰어 오른다. 그네의 반복주기는 그네의 길이에 따라 결정되고, 이 주기에 맞춰 발에 힘을 주면 그네를 타는 사람은 작은 힘으로도 힘차게 오르내릴 수 있는데 이 또한 공명의 원리에 따른 것이다. 소량의 배터리로 추의 단진자 운동을 1년 이상 유지하는 괘종시계 역시 비슷한 원리다. 그네가 앞뒤로 움직이는 것과 마찬가지로 시계의 추는 매달린 길이에 따라 좌우로 단진자 운동을 한다. 시계추가 왼쪽에서 오른쪽, 오른쪽에서 왼쪽으로 갔다가 돌아오는 순간에 같은 시간주기로 약간의 힘만 가하면 추를 오랫동안 운동시켜 시계가 계속 돌아가게 만드는 것이다.

그렇다면 사람의 소리로 현수교 suspension bridge도 무너뜨릴 수 있을까? 이론적으로는 충분히 가능하다. 소리가 다리의 상판에 전달되면 현수교가 매달린 줄의 길이에 따라 흔들림이 일어난다. 이때 소리의 떨림 진동주기와 다리의 흔들림 주기가 일치하면 점차 소리가 크게 울리면서 에너지가 모아진다. 다리의 흔들림이 점차 커지면서 다리의 상판이 뒤집힐 수 있는데 최악의 경우, 미국 워싱턴 주에 있던 타코마 브리지(1937년 타코마 해협에 건설되었지만 완공된 지 3년 만에 붕괴되었다. 최악의 토네이도에도 견딜 수 있는 강도로 설계되었지만 바람의 세기가 아닌 바람으로 인한 진동에 의해 무너졌다)처럼 다리가 와르르 무너질 수도 있다.

다리가 무너지려면 몇 가지 가설이 성립해야 한다. 우선 소리의 떨림 주파수가 부피가 큰 다리의 흔들림으로 나타나려면, 그 반복주기는 아주 낮은 톤의 저주파여야 한다. 또 현수교 옆면으로 소리의 진동이 잘 전달될 수 있도록 소리가 넓게 퍼져야 한다. 그리고 현수교의 다리 상판은 약한 재질로 만들어져야 하며, 동시에 다리를 매달고 있는 줄이 단심으로 되어 있어 쉽게 비틀릴 수 있어야 다리가 무너진다. 따라서 다리를 건설할 때 일부러 약한 재질을 사용하지 않는

∥ 시애틀 근교의
타코마 브리지가
바람의 공명으로
흔들리다 결국
무너지고 말았다.

이상, 실제로 소리를 지른다고 해서 다리가 무너지는 일은
결코 일어나지 않는다.

두 눈 없이
앞을 보는 소년

소리의 공명 현상을 이용하면 작은 소리로도 큰 힘을 발휘해 실생활에 유익하게 사용할 수 있다. 사실 소리로 라면을 끓이거나 다리를 무너뜨린다는 것은 현실적으로 꼭 필요한 일은 아니다. 소리의 힘을 그 누구보다도 현명하고 효과적으로 사용하는 사람들은 어떤 사람들일까? 자신의 장애를 극복하는 방법으로 소리를 사용하는 사람들도 있을까?

미국에서는 앞을 볼 수 없고 양쪽 눈에 의안을 한 16세 소년 벤 언더우드Ben Underwood가 입으로 소리를 내면서 자전거도 타고 인라인스케이트도 혼자 타고 다닌다고 한다. 초음파를 내서 사물을 구분하고 먹이를 잡아먹는 박쥐의 소리 내비게이션 원리를 사람이, 그것도 어린 소년이 구사하고 있는 것이다.

일반적으로 사람들은 화장실이나 방에 누가 있는지 알아

보려고 할 때 손으로 문을 노크하는 충격성 소리를 내고 그 소리에 대한 응답을 기다린다. 그런데 벤은 혀를 이용해서 공간에다 소리로 노크를 하고 그 소리가 사물에 부딪치는 울림의 차이를 귀로 받아서 사물의 위치를 파악하고 있었다. 즉 눈으로는 보지 못하는 사물을 소리로 보고 있는 것이다. 사람의 귀는 양쪽으로 들을 수 있기 때문에 양쪽 청감에서 나타나는 미세한 차이를 이용해 방향을 파악할 수 있다는 것을 벤은 잘 알고 있었다.

벤이 소리를 내는 방식은 입안에서 혀를 입천장에 붙였다가 떼면서 내는, '떡 떡 떡' 하며 혀로 입천장을 치는 클릭 소리이다. 이런 소리는 소리성분으로 볼 때 넓은 음폭을 가진 충격성 소리라 할 수 있다. 넓은 음폭의 소리를 공간에 보내면 사물마다 고유한 형태의 소리가 반사와 공명을 일으켜 울림이 발생하고 그 소리를 듣고서 사물과의 거리나 규모, 특성을 파악할 수 있는 것이다. 소리가 방사되면 1초에 340미터를 나아가면서 사물에 부딪쳐 반사되어 오는데, 소리의 진원지와 사물 간의 거리가 2미터 정도라면 소리울림이 100분의 1초밖에는 차이가 나지 않는다. 그 짧은 순간의 울림을 귀로 파악하면서 벤은 생활공간을 보란 듯이 자유롭게 활보하고 있었다.

도대체 이러한 청각능력은 어떻게 가능한 것일까? 그것은 바로 벤이 어렸을 때 어머니로부터 소리로 방향감각을 익히는 방법을 배웠고 그렇게 생활 습관을 길렀기 때문이다. 선천성 시각장애를 갖고 있던 벤은 어렸을 때 받았던 시력 복원수술에 실패하여 앞을 전혀 볼 수가 없게 되었다. 그러자 엄마는 자신의 존재를 알리기 위해 집 안을 돌아다니며 일하는 중에도 여기저기서 혀 차는 소리를 들려주어 벤의 방향감각과 거리감각을 길러준 것이다.

이처럼 소리는 사람의 눈 대신 사물을 보는 능력을 제공할 수 있다. 시력을 잃어 인간의 오감 중 나머지 네 개의 감각에만 의존해 살 수밖에 없는 시각 장애인들도 벤처럼 충격성 혀 차는 소리 발성법과 소리울림의 청감 판별법을 잘 익힌다면 소리로 사물을 보면서 살아갈 수 있다.

벤 언더우드 외에도 혀 차는 소리를 사용해 앞을 보는 사람들이 점점 늘고 있다고 한다. 최근에 이루어지고 있는 뇌 연구에 대한 BBC의 다큐멘터리 프로그램 〈뇌는 왜 착각에 빠질까? Is Seeing Believing?〉에서도 혀 차는 소리를 내면서 앞을

ll 소리 반사음을 이용해 자전거도 타고 돌고래와 함께 수영을 즐기는 벤 언더우드의 모습이다.

‖ 자동차 후방 센서의
초음파 감지(위)와
시력을 대신하는
초음파 안경과
지팡이(아래)다.

보는 미국인 청년의 모습을 볼 수 있었다. 이처럼 시각 대신
사물을 보는 데 청각이 활용 가능한 원리는, 최근 연구에서
확인된 것처럼 뇌의 독특한 구조에서 비롯된다. 과거에는 서
로 다른 감각들이 개별적으로 위치해 있고 기능 또한 독립적
으로 이루어진다고 보았지만, 최근 연구에 의하면 모든 감각
들은 서로 연결되어 있어 통합적으로 기능한다고 한다. 따라
서 하나의 감각이 없어지면 다른 감각이 그 기능을 대신하는

것이다.

　뇌 기능에 대한 연구가 좀 더 진전되고 소리에 대한 활용 기술 또한 발전한다면 머지않아 벤 언더우드의 소리 사용 방법은 상용화될 것으로 보인다. 우리나라의 한 연구소에서도 산학협력을 통한 대규모 프로젝트를 계획 중이다. 시각장애인들을 위한 보조기구로 소리를 발생시켜 장애물을 탐지하는 안경을 만드는 것이다. 소리울림의 특성을 잘 활용한 시각 보조기구가 빨리 만들어져 많은 시각 장애인들이 도움을 받을 수 있기를 기대한다.

특명!
바닷속 물고기 떼를 찾아라

내가 어렸을 때는 동네 아이들이 모두 냇가에 나가 수영도 하고 물고기도 잡으며 놀곤 했다. 우리 고향에는 낙동강 상류의 시냇물이 읍내를 휘감아 굽이쳐 흐르고 있었고, 큰 바위가 놓여 있는 곳에는 흐르는 물이 고여 만들어진 수심이 꽤 깊은 물웅덩이가 있었다. 나는 물웅덩이 안을 들여다보며 물고기들이 평화롭게 떼 지어 노는 모습을 바라보곤 했다. 어린 나이었는데도 나는 어떻게 하면 저 물고기들을 잡을 수 있을까 하고 많은 궁리를 했었다. 그러다 돌을 던지면 '풍덩' 하는 소리에 놀란 물고기들이 흩어져 도망갔다가 금방 다시 되돌아온다는 사실을 발견했다. 그때부터 물고기의 기억력은 1초 이내란 것을 확신하게 되었다.

물고기를 잡으려면 먼저 미끼로 유인해야 하는데, 물고기가 좋아하는 소리로 유인하는 장치를 '집어기'라고 한다. 사

배명진 교수의 소리로 읽는 세상

실 헤엄을 잘 치기 위해서는 돌출 부위가 없을수록 좋기 때문에 어류의 청각기능은 퇴보해버렸다. 그래도 청각기능이 어느 정도 남아 있는 경우를 보면, 넓적한 형태의 물고기는 주로 등고선 부근에 있는 촉감을 통해 소리를 듣고, 주둥이가 넓은 어종은 전면 두뇌 부근의 촉감으로 소리를 감지한다고 한다. 모든 동물들이 그러하듯 물고기 또한 소리를 통해 동족감을 느끼거나 짝짓기하는 습성을 가지고 있으므로 이러한 소리의 기능을 활용한 집어기로 물고기를 불러 모으는 것이다. 평소에 소리를 잘 내지 않는 물고기들을 불러 모을 때는 지느러미가 움직이면서 내는 물결의 진동음을 집어기로 발생시켜 마치 어군을 이루고 있는 것처럼 들리게 하여 다른 물고기들을 유인하기도 한다.

포항 근교에 사는 어부들은 그 옛날, 물고기가 내는 소리만 듣고도 어군의 위치와 어종을 가늠할 수 있었다고 한다. 소형 배를 타고 나가다가 물고기가 있을 만한 위치에 굵고 긴 대나무를 수직으로 바닷물 속으로 집어넣은 후 대나무의 한쪽 끝에 귀를 대고 소리를 들어보면 '딱딱'거리는 민어들의 소리가 들렸다고 한다. 그러면 소리의 종류와 울림의 강도를 통해 어종과 어군을 파악하여 그물을 던져 고기를 잡는 것이다. 대나무는 바닷물 속에서 물고기들이 내는 소리를 마디마다 들어 있는 빈 공간에 모으는 역할도 하지만, 마디별로 소리울림을 유발하여 크게 증폭시키는 역할도 하여 물고기들의 소리를 어부들에게 들려줄 수 있었던 것이다.

물고기 중에서 비교적 덩치가 큰 상어나 고래 등은 사람이 듣지 못하는 초음파를 발생하여 먼 거리에 있는 동족과 교신도 하고 주변에서 일어나는 위기 상황을 감지하기도 한다. 반면 크기가 작은 물고기들은 물속에서 초음파가 들리면 자신의 천적이 나타났다고 생각하여 도망가거나 어군을 형성하여 무리를 보호하려는 행동을 한다. 이러한 물속 초음파의 특성을 이용하여 바다에 그물 없는 어장을 만들어서 눈에 보이지 않는 울타리를 치고 물고기를 가두어두는 곳도 많이 있다. 작은 물고기들이 싫어하는 초음파를 발생시켜 그물을 치지 않고도 물고기들을 가둬놓는 소리 울타리를 만드는 것이다.

어느 날 SBS TV 〈백만불 미스터리〉 제작팀에서 솔깃한 제안을 해왔다. 인도네시아에 인접한 태국의 한 어촌에 가면 소리를 들어 어군을 탐지하는 어부를 일컫는 '두람'이 살고 있는데, 어떤 원리로 그런 일이 가능한지를 함께 가서 밝혀보자는 것이었다. 6시간의 비행 후 방콕에 도착해서 다시 국내선 항공기를 타고 송클라 주에 도착했다. 호텔에서 하룻밤을 지낸 후 다음날 아침 '핫야이'라는 어촌에 갔으나 파도가 심해 아무런 일도 하지 못했다. 하루가 더 지나서야 배를 빌릴 수 있었고 배를 타고 나가 이암이라는 이름을 가진 어부 두람과 함께 소리를 채집했다. 이후 두람을 따로 만나서

배명진 교수의 소리로 읽는 세상

준비해간 노트북의 프로그램으로 간단한 청력검사도 해보
았다.

먼저 두람이 평범한 인간이 아닌 초인이어서 보통 사람들
이 들을 수 없는 초음파를 들을 수 있는 것인지 알아보았다.
다양한 초고주파음을 두람에게 들려주는 동안 주변의 고양
이와 강아지들은 즉각 반응하여 잠을 자다가 놀라서 깨어났
지만, 족장은 전혀 소리를 듣지 못하는 듯 놀라는 기색이 없

ll 돌고래나 상어와
같은 큰 물고기들은
초음파를 통해 동종
간에 교신을 한다.

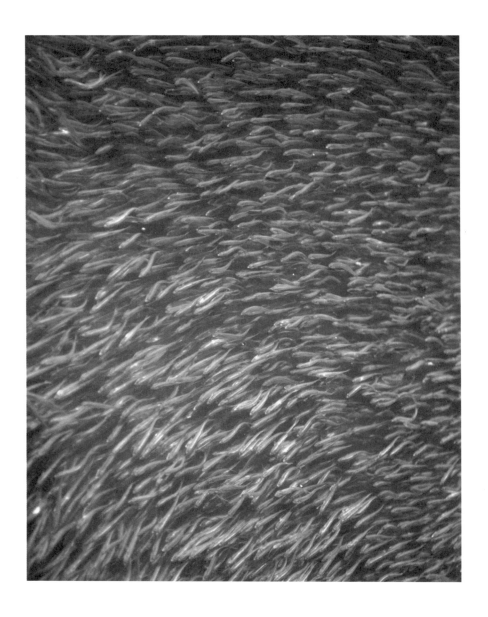

배명진 교수의 소리로 읽는 세상

었다. 이번에는 인근의 큰 도시에 있는 디스코 클럽으로 가
서 커다란 우퍼스피커를 통해 초저주파 감지 실험을 해보았
다. 우퍼스피커 앞에서 인간이 들을 수 없는 10헤르츠를 들
려주었더니 두람은 바로 머리가 어지럽다고 했고, 3분도 안
되어 가슴이 울렁거린다며 서둘러 그 장소를 떠나버렸다. 하
지만 제작진을 비롯한 다른 사람들은 그런 증세를 전혀 느끼
지 못했다. 결국 족장은 초고주파에는 별 반응을 하지 않았
지만 초저주파에는 민감하게 반응한 것이다.

신기하게도 두람이 어군의 위치와 규모를 파악하는 방법
은, 바닷물이 조용해진 이른 새벽에 바다로 나가 물속에 뛰
어든 후 그곳에서 들리는 소리로 물고기의 종류를 알아내는
것이었다. 소리가 보다 더 크게 들리는 쪽으로 배를 저어 가
다가 다시 한 번 바닷물에 들어가서 귀를 기울여본다. 물고
기가 지느러미를 흔들 때 나오는 물결의 진동에 의해 자신의
머리가 따라서 일렁거린다고 느끼면 1톤 정도의 어군이 있
다는 것이고, 물결의 진동이 가슴을 일렁일 정도로 크게 느
껴지면 3톤 정도의 어군이 있다고 판단한다. 이어서 마을 어
부들에게 그물을 던질 위치를 말해주면, 그날은 족장이 말한
만큼의 어획량을 확실하게 잡을 수 있다는 것이다.

현대적인 기계장치인 어군탐지기와 하이드로폰을 사용해
물속에서 나는 소리를 채집하여 분석하고 비교해본 결과, 두
람 족장은 물고기가 움직일 때 내는 초저주파음을 자신의 귀

‖ 물고기는 부레와
아가미로 소리를 낸다.

ll 어촌에서는 옛날부터
대나무를 이용하여
어군을 탐지했다.
영광 법성포 단오제
행사에서 고기잡이를
재연하는 모습이다.
ⓒ국립수산과학원, 이명선

와 육체적 촉감을 통해 느끼면서, 그동안의 경험을 바탕으로 어군의 위치와 규모, 무엇보다도 어종을 탐지하는 놀라운 능력을 가진 사람이었다. 값비싼 현대적 장치인 어군탐지기로도 구체적인 어종까지는 알아낼 수 없기에 더욱 감탄스럽기만 했다. 하지만 요즘은 이런 두람 일을 하겠다고 선뜻 나서는 젊은이가 별로 없다고 한다. 이른 새벽에 바닷물에 들어가면 상어에게 잡아먹힐 수도 있고, 물이 차가워지면 잠수자체가 힘들어지기 때문에 계절을 많이 타 3D업종 중 하나가 되어버렸다는 것이다. 인간 어군탐지 능력이 아무리 뛰어나다 하더라도 첨단화된 IT 기술의 편리성을 따라가지는 못하는 데다 이런저런 상황으로 인해 수확량 또한 예전처럼 많지 않다고 한다.

물속에서 활기차게 헤엄치는 물고기를 보면 누구나 잡고 싶어질 것이다. 생동감 넘치는 물고기를 잡으면 왠지 모르게 충족감이 들고 우쭐해지는 기쁨을 느낀다고 어부들은 말한다. 그래서 수많은 종류의 집어기들이 동원되지만, 그중에서도 소리를 활용한 집어기가 가장 효과적이다. 상용화된 어군탐지기도 마찬가지로 물속에서 들리는 소리를 통해 어군의 위치, 종류, 규모 등을 파악하는 원리로 만들어지고 있다. 그러나 아직은 두람처럼 자세한 물고기의 종류까지는 파악하지 못하는 실정이다.

우리나라 어부들도 오래전부터 소리를 통해 어획량을 늘

배명진 교수의 소리로 읽는 세상

리려는 시도를 해왔으나 그리 체계적이지는 못했다. 강과 하천이 많고, 삼면이 바다인 우리나라가 어획량을 늘리기 위해서는 먼저 어종, 규모, 위치별로 수집해놓은 다양한 정보를 재정리해야 한다. 그 정리를 바탕으로 지금보다 더 정확하게 어종과 위치를 파악할 수 있도록 소리를 활용한 정밀한 기술 개발이 이루어져야 할 것이다.

소리로 집중력을
높여보세요

소리의 힘을 여러 가지로 살펴보았지만 아직은 자신과 상관없는 먼 나라 얘기처럼 들릴 수도 있다. 하지만 소리를 통해 집중력을 높여 암기력이나 업무 능력을 향상시킬 수 있다면 귀가 솔깃할 사람이 많을 것이다.

공부를 잘하는 것, 혹은 내가 하고 있는 일에만 집중한다는 것은 상당히 어려운 일이다. 공부는 인간의 오감을 자극하는 실감나는 방법이 가장 바람직하다. 그러나 우리는 보통 시각에만 의존하여 공부한다. 그러다 보니 공부할 때 가장 심심한 곳은 청각이다.

우리가 평소에 접하는 자연의 소리를 잘 활용하면 집중력을 높일 수 있다. 집중력을 높이는 자연의 소리란 비교적 넓은 음폭의 백색소음을 말한다. 비오는 소리, 폭포수 소리, 갈대밭에서 들리는 소리, 나뭇가지에 바람이 스치는 소리와 같

II 숲 속에서 들려오는 바람, 파도, 계곡 등의 소리는 백색소음으로 이루어져 있다.

은 자연의 소리는 평상시에 듣고 지내는 일상적인 소리이기 때문에 공부할 때 듣더라도 별로 의식하지 않는다. 또한 소리는 존재하기 때문에 무엇인가에 보호받고 있다는 느낌을 갖게 만들어 외롭지 않게 해준다.

자연의 백색소음을 들려주었을 때 정말 집중력이 좋아지는지에 대해 우리는 다양하게 평가해보았다. 먼저 남녀 중학생을 대상으로 노원구 소재 한 보습학원에서 영어단어 암기

배명진 교수의 소리로 읽는 세상

력 테스트를 실시해보았다. 이 실험은 평소의 경우와 백색소음을 들려주는 두 가지 상황에서 고등학교 2학년 수준의 영어단어를 주고 5분간 암기하게 한 후 테스트를 수행하여 결과를 비교하는 방식으로 진행되었다. 그 결과 평소에 비해 백색소음을 들려주었을 때 기억력이 35퍼센트나 향상되었다.

다음으로는 집중력 테스트를 실시했다. 이 실험은 책상 위에 있는 책장에 백색소음을 발생하는 장치를 부착한 후, 공부하는 학생들에게 들려주고 실험 도중에 옆 좌석으로 고개를 돌리거나 관심을 갖는 횟수를 시간 단위로 파악하여 평소와 비교하는 방식이었다. 집중력 테스트에서도 백색소음을 들려주었을 때 주변에 관심을 갖는 횟수가 22퍼센트 정도 감소하여 그만큼 공부에 집중을 더 하게 된다는 결과가 나왔다.

뇌파 반응 검사도 수행해보았는데 백색소음을 들려주면서 학습을 유도했을 때는 평상시에 비해 피험자의 뇌파에서 베타파가 줄어들고, 반면 집중력과 안정도가 개선되는 알파파, 세타파, 델타파 등이 크게 증가하는 결과가 얻어졌다. 즉 뇌파의 활동성이 감소하고, 심리적인 안정도와 집중력이 크게 증가했다는 의미이다.

이처럼 자연의 소리는 우리의 청각을 만족시키면서도 안정감을 느끼게 하여 자신이 하고 있는 일에 집중력을 높이고 두뇌 활동을 자극시켜준다는 것이 이 실험을 통해 입증되었다. 백색소음은 자연의 소리이므로 개인이 얼마든지 채집해 사용할 수 있다. 해변의 파도소리나 폭포소리, 바람이 세차게 불고 있는 소리를 녹음해두었다가 공부하거나 혹은 집중력을 필요로 할 때 들으면서 작업을 한다면 효과를 볼 수 있다. 우는 아이에게 들려주면 울음을 그치고 안정을 찾는 것도 볼 수 있을 것이다. 여러분도 실생활에서 잘 활용할 수 있는 소리를 찾아내어 소리의 힘을 함께 경험할 수 있기를 기대해본다.

2

소리를
정복한 사람들

인간은 스스로 소리를 만들 수 있다. 동물처럼 단순한 울음소리만이 아니라 놀랄 만큼 다양한 소리들을 만들어낸다. 동물과 달리 발성 기관이 있기에 가능한 것이다. 사람의 발성 기관은 서로 다른 뜻을 가진 다양한 말소리와 웃음소리, 울음소리를 내며 같은 소리라도 자신이 처한 상황이나 감정에 따라 다르게 하여 셀 수 없을 정도로 수많은 소리를 낸다. 그런데 이처럼 발성을 하는 과정에서 몇몇 사람들은 보통 사람들보다 특별히 더 좋은 목소리를 내기도 하고, 소리를 더 잘 듣기도 한다. 이번에는 소리를 정복한 특별한 사람들을 만나보려 한다.

절대음감의 소유자

길을 걷다 보면 어떤 소리가 유달리 귀에 거슬릴 때도 있고 아련한 추억을 떠올리게 만드는 유행가로 들리는 경우도 있다. 우리가 듣는 소리는 어떤 뚜렷한 형태보다는 막연한 형상이나 의미로 머릿속에 기억되고, 시간이 지난 후 주변에서 엇비슷한 소리가 들리면 전에 들었던 비슷한 소리를 연상하며 기억을 떠올리기 때문이다. 그런데 보통 사람들보다 소리의 형태를 훨씬 뚜렷하게 기억하고, 귀에 들리는 음의 높이를 상세하게 구분해낼 수 있는 능력을 가진 사람들이 있다. 우리는 이들을 절대음감의 소유자라고 말한다.

언젠가 MBC 〈TV 특종! 놀라운 세상〉 촬영팀이 절대음감의 소유자 한 명과 소리공학연구소를 방문한 적이 있다. 그 당시 스물다섯 살이었던 학생 이소영이다. 그녀는 양쪽 시력이 약해서 앞이 거의 보이지 않지만, 어떤 노래나 소리를 들으면 종이에 메모하지 않고도 바로 기억해낼 수 있다고 했다. 게다가 주변에서 들리는 노래를 듣는 즉시 피아노 건반으로 음계를 따라 칠 정도로 소리에 대한 암기력과 연주력이 탁월했다. 이후 그녀는 한국예술종합대학의 장학생으로 선발되어 입학했다. 어떤 곡이든지 피아노 건반 앞에서 평범하게 두 손으로 치기도 하고, 두 손을 뒤로 하여 피아노와 등을 진 채 연주하기도 하는 그녀의 모습은 피아노의 귀재라 부르고 싶을 정도였다.

더욱 놀라운 사실은 그녀가 주변의 온갖 소리들을 뚜렷한 음계로 느낄 수 있다는 것이었다. 예를 들어 주전자 물 끓는 소리는 '도'와 '파'의 혼성음계이고, 바람 부는 소리는 '시' 음계로 들린다고 했다. 우리는 주변 사물에서 그녀가 느끼는 소리의 음계가 얼마나 정확한지 측정해보기로 했다. 먼저 제작진이 피아노 앞에 서서 두 개 또는 서너 개의 건반을 동시에 누르자 그녀는 혼성음계의 건반을 정확하게 알아냈다.

여기서 먼저 피아노 건반을 눌렀을 때 각각의 건반이 어떻게 특정 음계를 내는지 살펴보자. 피아노 뚜껑을 열어보면 각각의 건반에 해머가 연결되어 있음을 알 수 있다. 건반을 누르면 각 건반에 연결된 해머가 서로 다른 쇠줄(현)을 치면서 음계를 낸다. 이때 쇠줄의 길이에 따라서 특정 음계가 결정되는데, 이 줄의 진동이 피아노의 통울림을 유발하여 큰 소리로 울린다. 일반 피아노 건반은 88개로 이루어져 있고,

피아노 정중앙은 옥타브octave 4의 '미'와 '파' 음계이다. 이를 중심으로 좌우로 구분되는데, 왼쪽으로 가면 점차 저음이 되고 오른쪽으로 가면 점차 고음의 소리가 발생한다.

　인간의 귀는 20~20,000헤르츠 사이 음역대를 들을 수 있다. 피아노의 가장 왼쪽에 위치한 건반이 20헤르츠 정도의 소리를 내는 옥타브 0의 '라' 음계가 되고, 오른쪽으로 진행될수록 음계의 주파수는 2배씩 증가하면서 한 옥타브씩, 즉 7음계씩 올라간다. 피아노의 가운데에서 왼쪽 부분에 있는 건반은 옥타브 3의 '라(220헤르츠)' 음계를 기준으로 남성과 여성의 톤을 구분 짓기도 한다. 이처럼 피아노 건반은 음계별로 기본 톤의 주파수가 각각 매겨져 있으므로 반년에 한 번 정도는 건반의 음높이를 맞춰주는 조율 작업을 해야 한다. 가령 옥타브 3의 '도-솔', 그리고 옥타브 4의 '미' 음계를 함께 눌렀다면, 피아노에서 나오는 기본음의 주파수는 130, 200헤르츠, 330헤르츠가 된다. 이때 각 주파수마다 배음들이 함께 들리는데, 이 혼성음계를 귀로 알아듣고 정확히 구분할 수 있다면 절대음감의 소유자라 할 수 있다.

　실생활에서도 이처럼 두 가지 톤의 소리를 조합하여 기호나 숫자를 전달하는데 사용하기도 한다. 전화기의 경우에 가로 3줄과 세로 4줄의 키로 구성된 12키를 사용한다. 한 번호의 키를 누르면 두 가지 톤이 함께 들리면서 '삐-쁘'의 음으로 들린다. 요즘은 번호 유출을 막기 위해 실제 우리가 듣게

되는 소리를 다른 소리로 변조하여 들려주는 경우도 있지만, 통화 중 수화기를 통해 들어보면 전화번호 키보드를 누를 때마다 두 가지 혼성 음이 들린다. 이 경우 절대음감을 갖고 있거나 음감이 아주 좋은 사람들은 상대방이 전화번호 키를 누를 때마다 몇 번을 눌렀는지 금방 알아들을 수 있다. 주택이나 빌딩의 출입구에 설치된 도어락의 숫자판도 특정번호를 눌렀을 때 두 가지 톤의 조합으로 해당 번호를 전달하게 된다. 그래서 번호 키를 누를 때마다 숫자 톤이 남의 귀에 노출되지 않도록 아주 조심해야 한다.

우리는 이제 그녀의 능력이 어디까지인지 알아보기 위해 사물에 대한 청감도를 실험해보았다. 그녀가 길을 걷고 있을 때 마침 주변에서 에어컨의 팬이 돌아가는 소음이 '사아~' 하며 들리고 있었다. 그녀는 이 소리를 듣자마자 '라#' 음계라고 말했다. 즉시 주파수를 분석해보았더니 여러 가지 복합음 중에서 3,802헤르츠의 주파수가 두드러지게 얻어졌는데, 이는 옥타브 7의 '라#' 음계였다. 또 길가 문구점 앞에서 한 어린이가 3구멍 피리를 불고 있었는데, 그녀는 피리에서 '미-솔-도' 음계가 복합적으로 나온다고 했다. 과연 소리를 분석해보니 깨끗하지 않은 여러 복합음인 655헤르츠, 790헤르츠, 1,022헤르츠 등이 나오고 있었고, 음계로 보면 옥타브 5의 '미'와 '솔' 음계, 그리고 옥타브 6의 '도' 음계에 해당하는 소리였다. 우리가 그녀를 만난 계절은 추운 겨울이었는데 약수터의 물 흐르는 소리를 듣고는 'D플렛(도#)' 음이라고 했는데, 역시 물소리의 복합음 가운데에서도 그 음계가 가장 강렬하게 나오고 있었다. 정말 탁월한 음감의 소유자였다.

절대음감의 소유자인 그녀에게 장래희망이 무엇이냐고 물어보았더니, 대학 졸업 후 피아노 조율사와 같은 실용적인 분야에서 일하고 싶다고 겸손하게 말했다. 그녀는 현재 성악가이자 피아니스트로 아름다운 인생을 살고 있다. 이처럼 재능이 탁월한 사람들을 조기에 발굴하여 세계적으로 인정받는 위대한 음악가 또는 음악 관련 전문가로 성장할 수 있도록 국가가 나서서 지원해주는 시스템이 자리 잡길 희망해본다.

소리꾼들의
소리 찾기 비법

태어나면서부터 절대음감을 지닌 사람들은 많지 않다. 하지만 목소리가 좋은 사람들은 주변에서 흔히 찾아볼 수 있다. 몇몇 가수들처럼 타고난 목소리를 가진 경우도 있지만 오랜 시간 각고의 노력 끝에 득음을 하는 경우도 있다. 그렇다면 우리나라 전통 소리꾼들은 어떤 훈련을 통해 자신만의 소리를 찾았을까?

판소리는 우리나라 전통 창극으로 2003년 11월 유네스코 '인류구전 및 세계무형유산걸작'으로 지정된 일종의 솔로 오페라이다. 판소리는 노래와 대사가 쉼 없이 반복되며 완창을 하는 데 무려 3~4시간이 걸린다. 소리꾼들은 그 시간 동안 엄청난 에너지를 쏟아부으며 다양한 목소리로 대사와 이야기를 표현해낸다. 판소리는 주로 명창들에 의해 연주된다. 명창이란 판소리나 민요 등 우리의 소리를 빼어나게 잘하는 사람에게 붙여주는 국악계만의 별칭으로 소리꾼을 의미한다. 명창이 되려면 다음의 네 가지 득음 훈련 과정을 거친다고 한다. 자신만의 소리를 찾기 위한 소리꾼들의 득음 4관문에 대해 살펴보면 다음과 같다.

첫째, 영화 〈서편제〉에서도 그런 장면이 나오지만 산속 계곡 폭포 아래서 소리를 내는 훈련이다. 자신의 목소리가 모든 소리성분을 포함하고 있는 백색소음인 폭포소리를 뚫고 뻗어 나올 만큼 크고 또렷해야 1단계 관문을 통과할 수 있다. 이 과정을 통해 소리꾼들은 일단 엄청난 성량을 갖출 수 있다.

둘째, 동굴에서의 훈련이다. 동굴 안에서는 모든 소리가 울린다. 동굴의 흙이나 바위로 이루어진 벽면 등이 고르지 못한 탓에 소리의 난반사가 발생하기 때문이다. 목소리는 크게 들리지만 소리가 뒤섞여 웡웡거림으로 무슨 소리인지 알아듣기 힘들다. 반복되는 훈련을 통해 동굴의 울림을 극복하고 섬세하고 명료한 소리를 뽑아낼 수 있을 때, 두 번째 관문을 통과한다.

셋째, 갖가지 소음 속에서도 자신의 목소리가 또렷하게 들려야 한다. 〈서편제〉에서 보면 떠들썩한 시골 장터에서 소리를 하는 대목이 나온다. 갖가지 소리가 뒤섞인 소음을 유색잡음이라고 한다. 명창이 되려면 유색잡음이 있는 곳에서 소리를 냈을 때에도 다른 사람들이 그 소리를 들을 수 있을 만

배명진 교수의 소리로 읽는 세상

큼, 주변의 모든 잡음을 극복하고 독창적인 소리를 낼 수 있어야 한다.

넷째, 해변이나 들판 같은 광활한 곳에서의 훈련이다. 벌판이나 평지에서는 소리가 부딪쳐 되돌아오는 반향이 없기 때문에 소리가 초라해진다. 벌판에 바람이라도 불면 소리는 더 흩어진다. 이런 어려운 조건에서도 자신의 목소리를 또렷하게 낼 수 있다면, 가장 어려운 명창의 마지막 관문을 통과한다. 자신만의 소리를 찾은 것이다.

이처럼 힘든 소리꾼들의 득음 과정을 옛 사람들은 '목구멍에서 피를 세 번 토할 정도로 노력해야 한다'고 표현하고 있다. 소리꾼들은 무심코 이런 과정을 밟아왔는지 모르겠지만 각 관문마다 얻어지는 소리성분의 특성을 감안할 때 이 훈련 과정은 무척 치밀하고 과학적이라는 점에서 놀라지 않을 수 없다. 우리의 소리를 지켜나가는 수많은 명창을 키워낸 우리 민족의 남다른 소리 철학인 셈이다.

우리를 놀라게 한
신의 목소리

우리 민족은 흥이 많아 음악을 좋아하고 노래 부르기를 즐긴다. 게다가 요즘에는 가수라는 직업이 많은 청소년들에게 선망의 대상으로 떠오르고 있다. 그렇다면 가수의 목소리는 소리 과학의 측면에서 보통 사람들의 목소리와 무엇이 다를까? 가수가 되기 위해서는 타고난 목소리를 지녀야 할까?

우리나라의 대표적인 트로트 가수로 잘 알려진 이미자는 1941년 생으로 일흔이 넘었다. 1957년 열일곱의 나이로 노래를 시작하고 1958년 공식 데뷔를 했으니 가수가 된 지 올해로 55년이 된 셈이다. 이렇게 오랜 세월 동안 이미자가 대중의 인기를 누리면서 국민가수로 불릴 수 있었던 이유는 무엇일까?

우선 이미자는 얼굴에 비해 입이 큰 편이다. 속설에 따르면 입이 큰 사람이 노래를 잘한다고 하는데, 이 말은 대체적으로 맞는 이야기이다. 입이 크다는 것은 입안의 공간이 넓다는 것을 뜻하므로, 이는 좋은 소리를 내기 위해서는 커다란 울림이 필요하다는 점에서 필수요건이라고 할 수 있다. 하지만 입이 크다고 해서 모두 다 노래를 잘하는 것은 아니다.

큰 입보다 더 중요한 것은 목소리 자체를 만들어내는 성대와 발성능력이다. 발성은 기본적으로 허파에 공기를 모은 후 방출하면서 만들어진다. 노래를 부르면서도 사이사이에 공기를 모아서 오랫동안 목소리를 지속적으로 내려면 무엇보다 폐활량이 중요하다. 이미자의 빼어난 가창력은 바로 남들보다 2.5배 이상 길게 목소리를 유지하는 큰 폐활량에서 나온다.

또 다른 특징은 탁월한 성대 떨림이다. 이미 발표한 수없이 많은 노래 가운데 몇 곡을 분석한 결과 그녀의 발성 음역대는 보통 사람들보다 훨씬 넓었으며 성대 떨림 또한 아주 좋았다. 음성 분석기에 나타난 목소리도 톤이 명료하고 배음의 울림이 균일해 마치 악기와도 같았다. 흔히 소리가 갈라지기 쉬운 고음에서도 음정의 대역 차이가 또렷했고, 음정의 높낮이 변화도 3옥타브(8배 음폭)에 걸쳐 매우 안정적이었다. 모든 높이의 목소리에서 깊은 바이브레이션이 자연스럽게 나온다는 것은 특히 가사를 전달함에 있어서 듣는 사람들의 심금을 울릴 만큼 애절하고 깊이 있게 전달된다는 것을 뜻한다.

∥ 이미자는 3옥타브의
음폭변화에도 음이
갈라지지 않았고,
아이유도 3단 고음에도
안정된 음을 지속했다.

　가장 놀라운 사실은 이미자의 20대 때의 목소리와 6, 70대 때의 목소리가 아주 유사하다는 점이다. 일반적으로 나이가 들면 우리의 목소리는 음색이 변할 뿐만 아니라 발성 음역대 또한 자연스럽게 좁아진다는 점에 비추어볼 때 이는 무척 희귀한 사례가 아닐 수 없다.

　70대의 이미자가 깊은 바이브레이션이 뛰어난 가수라면 젊은 세대 중에서는 아이유의 3단 고음을 비교해 이야기할 수 있다. 아이유는 길고 미끈하게 생긴 목과 큰 입을 가지고 있어 목과 입속에서 울리는 고음이 아주 자연스럽게 발성된다. 무엇보다도 이를 가능하게 하는 소리의 근원은 바로 폐활량에 있다. 아이유는 다른 가수들에 비해 고음 톤을 유지하면서도 그 소리를 길게 끌어갈 수 있는 큰 폐활량을 갖고 있다.

　고음 발성을 얼마나 안정적으로 지속할 수 있는가도 가수

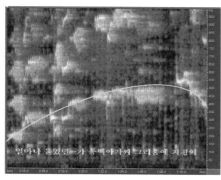
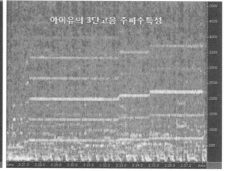

배명진 교수의 소리로 읽는 세상

의 가창력을 평가하는 중요한 요소이다. 일반인들도 가성을 통해 특정 고음을 내는 것은 얼마든지 가능하지만, 길게 지속하거나 혹은 안정된 음정을 유지하기는 매우 어렵다. 아이유의 고음 발성은 한 번에 3단계 변음을 하면서도 음높이의 안정도가 95퍼센트 이상 유지되고, 8초 이상을 지속할 수 있다는 데 그 특성이 있다. 발성 음정의 안정도가 기계적인 정확도에 근접하기에 가능한 현상이다.

한 가지 더 언급하면, 아이유는 3단 고음을 낸 다음에 곧바로 정상적인 자기 목소리 톤으로 돌아오는데 이 또한 타고난 능력이 있기에 가능하다고 할 수 있다. 평소에 노래를 부르는 음정이 300헤르츠대에 있다가 이어서 500~700헤르츠 대역의 메조소프라노 3단 음정을 길게 지속하고 다시 자신의 목소리 톤인 300헤르츠대로 곧바로 복귀할 수 있다는 사실은 정확한 음정을 잡아내는 청감 능력이 아주 탁월하다는 것을 말해준다.

이미자나 아이유는 모두 천부적으로 큰 폐활량과 매끄럽고 정교하며 울림이 좋은 성대를 갖고 태어났다. 조물주가 심혈을 기울여 만든 빼어난 악기라고나 할까? 노래를 잘 부르지 못하지만 부르는 것을 즐겨하는 내게는 부럽기만 한 사람들이다.

설득력 있는
목소리는 무엇인가

우리 일상의 삶이나 역사적 사실을 다루는 다큐멘터리를 제작할 때, 유명 연예인이나 가수의 목소리로 내레이션을 하면 시청자의 호응도가 더 높아진다고 한다. 그것은 해설자가 지닌 목소리의 독특한 특성 때문인데, 연예인의 목소리를 들으면 드라마 주인공의 캐릭터가 떠올라서 다큐멘터리 해설에 강한 신뢰감을 주고, 동시에 극중 장면을 연상하여 더 높은 호감을 가진다는 것이다.

해설을 할 때 목소리의 음높이는 해설자마다 서로 다른 특징이 있는데, 목소리의 음높이에 따라 부드러움이나 경쾌함, 혹은 무게감을 느낄 수 있다. 종사하는 분야는 다르지만 다큐멘터리 해설자로 잘 알려진 몇몇 연예인들의 목소리 음높이 차이를 살펴보는 것도 흥미로운 일일 것이다.

MBC 드라마 〈선덕여왕〉에서 비담 역을 잘 소화해 인기를 얻었던 김남길은 다큐멘터리 〈아마존의 눈물〉에서 내레이션을 맡았다. 시리즈로 이어지는 이 다큐멘터리에서 시청자들은 김남길의 목소리를 아주 좋아했다. 그래서 우리는 김남길의 목소리에 들어 있는 음색을 분석해보기로 했다. 그의 목소리 기본 주파수는 평균 130헤르츠였고, 그 배음은 8~12번째까지 뚜렷하게 나타났다. 따라서 저음대역에서는 목소리가 부드럽고 안정감 있으며, 화음을 이루어 큰 매력을 발산했다. 중음대역에서는 혀 움직임이나 입술의 변화를 분명하게 처리하여 목소리가 깔끔하고 박력 있게 들린다. 특히 목소리의 고음대역이 강하게 살아나고 있어 목소리가 맑고 쾌활하게 들린다.

가수이자 연기자로서 명성을 떨치고 있는 김창완도 다큐멘터리 해설자로 자주 등장한다. 그의 목소리는 동네 아저씨의 평범한 말투이고, 어떻게 보면 약간은 어눌한 듯 들리는데도 다큐멘터리 해설에서 시청자들의 인기를 끌고 있다. 김창완의 목소리 톤의 기본 주파수는 평균 150헤르츠로 중음 특성을 가지면서 목젖을 많이 쓰기 때문에 느리고 평이하게 들린다. 그러나 착하고 친절한 목소리 톤이며 혀 움직임이나 입술의 변화가 중음대역을 분명하게 나타내어 깔끔하게 들린다. 그리고 고음대역이 상대적으로 빈약하지만 저음의 울림이 많아 목소리가 부드럽게 느껴진다. 말은 노래하듯 고저를 이루게 하고, 문장이나 문구는 천천히 여유롭게 해설함

‖ TV 다큐멘터리 사상 최고의 시청률을 기록하며 화제를 모은 〈아마존의 눈물〉의 극장판에서도 김남길의 목소리를 만날 수 있다.

으로써 목소리에서 정감과 애착을 느낄 수 있는 것이다.

　마지막으로 세계적 스타로 발돋움한 배우 이병헌의 목소리를 살펴보았다. 그는 외모와 탁월한 연기력 외에도 큰 입과 코에서 비롯된 우렁차고 박력 있는 목소리로 유명하다. 목소리가 좋아서 영화나 다큐멘터리에서 해설을 많이 진행

배명진 교수의 소리로 읽는 세상

하고 있다. 목소리의 기본 주파수는 평균 75헤르츠이고, 그 배음이 10번째까지 뚜렷하게 나타난다. 이 때문에 목소리가 저음으로 굵직하고 안정감이 있으면서도 화음을 이뤄 부드럽고 듣기에 좋다. 그리고 발성 시에 혀 움직임이나 입술의 변화를 크고 분명하게 처리하고 있기 때문에 목소리가 박력 있고 뚜렷하게 잘 들린다. 고음대역도 두드러져 목소리가 아주 상쾌하다. 이러한 목소리로 다큐멘터리를 해설하면 시청자들은 극중에서 느끼는 강렬한 신뢰감과 남성미를 함께 연상하여, 보는 영상에 믿음과 정감을 더 느끼게 된다.

이런 이유로 많은 다큐멘터리에서 배우나 유명 연예인들이 내레이션을 맡고 있다. 이들의 목소리는 기존 성우의 목소리와 비교하면 발성이나 발음 측면에서 부족한 부분도 물론 있다. 그러나 다큐멘터리의 내용과 부합되는 해설자의 목소리는 시청자들에게 그 내용을 전달하고 현장 분위기를 이해시키는 데 음향 심리적으로 크게 기여할 수 있다.

부자로 만들어주는
목소리

자신의 목소리를 좋아하는 사람도 있고 싫어하는 사람도 있다. 모든 사람들이 다 좋은 목소리를 갖고 태어나는 것은 아니며, 남이 듣기에 괜찮은 목소리도 정작 본인이 싫어하는 경우도 있다. 그렇다면 모든 사람들이 좋아할 만한 목소리를 갖기 위해서는 어떻게 해야 할까? 목소리도 노력하면 아름답고 매력적으로 가꿀 수 있는 것일까?

지난 일들을 기록해놓은 글을 정리하다가 우연히 돈 라폰테인Don LaFontaine에 관한 내용을 읽게 되었다. 성우계의 세계적 거장 돈 라폰테인이 세상을 떠났다는 이야기를 듣고 쓴 글이었다. 아마 여러분도 그의 목소리를 들으면 "아! 이 사람이구나!" 하며 바로 알아차릴 만큼 한동안 할리우드에서 제작된 대부분의 블록버스터 예고편에서 들을 수 있었다. "Coming soon!"이라는 문구만큼이나 우리에게 익숙한 예고

배명진 교수의 소리로 읽는 세상

편 목소리의 주인공이다.

　라폰테인은 전성기 시절 하루에 보통 12~17편, 1년에 약 3,000편의 영화 예고편을 녹음했다고 한다. 아무런 사전 연습 없이 영화 예고편 한 편을 녹음하는 데 10분만 쓰면 작업은 끝나게 마련이었고, 단지 목소리가 좋다는 이유 때문에 녹음작업만으로 큰돈을 벌었다고 한다. 라폰테인의 목소리로 녹음한 예고편을 보면 정말 근사한 영화일 것 같다는 느낌이 든다. 실제로 라폰테인이 예고편을 녹음하면 흥행에 성공할 가능성이 훨씬 높아지는 것으로 알려져 있었다. 그래서 돈이 아무리 들어도 그에게 녹음을 맡겨야 대박을 터트릴 수 있다는 뜻으로 '라폰테인 효과'라는 말까지 생길 정도였다고 한다. 그야말로 목소리 하나로 부자가 되었으니 돈 되는 목소리를 가진 '목소리 부자'인 것이다.

　사람을 처음 만날 때 첫인상을 결정하는 요소들 중 목소리는 무려 58퍼센트를 차지한다. 첫 만남이 아닌 일상적인 대화에서도 성공 여부에 목소리는 38퍼센트의 영향력을 미친다. 사회에서 성공하려면 화술도 중요하지만 목소리도 중요하다고 전문가들은 말하고 있다. 라폰테인처럼 1년에 수십억을 벌어들일 만큼의 목소리는 아니어도 다른 사람들에게 좋은 인상을 줄 수 있는 목소리는 어떻게 하면 가질 수 있는 것일까? 남부럽지 않은 목소리 부자가 되는 법은 없을까?

　우리 귀로 듣기에 좋은 목소리는 성대 주파수로 말하면 남

‖신의 목소리, 전설의 목소리라 불리면서 전 세계인의 사랑을 받았던 영화 예고편 전문 성우 돈 라폰테인.

자는 110~130헤르츠, 여자는 210~240헤르츠 정도의 중저음이 적당하다. 특히 남자는 저음의 울림과 함께 안정감과 부드러움을 느낄 수 있는 목소리가 좋다고 한다. 여자는 맑은 음색의 목소리를 선호한다. 남자나 여자 모두 말을 할 때 톤의 변화와 함께 리듬감 있게 발음하면 듣는 사람이 정감을 느낄 수 있어 더욱 좋다.

좋은 목소리는 선천적으로 타고날 수도 있지만 그보다 중요한 것은 좋은 목소리를 만들려는 노력이다. 라폰테인의 경우 성우 생활 40년 동안 지켜온 원칙이 있었다고 한다.

첫째, 노스트라다무스의 예언처럼 어설프고 허황된 내용을 설파하는 영화는 작업하지 않는다. 대중에게 좋지 않은 영향을 미치기 때문이다. 둘째, 포르노 영화는 작업하지 않는다. 차라리 연기를 하라면 하겠다고 했다나! 셋째, 앞에서 언급한 영화를 제외하고는 어떤 허접한 영화라도 요청이 들어오면 작업을 한다. 객관적으로는 수준이 떨어지는 영화라 할지라도 누군가에게는 최고의 영화일 수 있기 때문이다. 넷째, 소리를 지를 만한 곳에는 절대 가지 않는다. 다섯째, 절대 금연한다. 여섯째, 절대 금주한다. 첫째부터 셋째까지는 직업에 관련된 원칙이라면 네 번째부터 여섯 번째까지는 목소리를 지키기 위한 생활 규칙이라고 할 수 있다.

라폰테인의 원칙을 따라 하기 힘들다면 생활 습관만이라도 바꿔보면 어떨까? 좋은 목소리를 내기 위해서는 어깨를 꼿꼿이 세우고 바른 자세를 유지해야 한다. 하루 5분 정도는 복식호흡을 하고 성대 마사지도 틈틈이 해주는 것이 좋다. 너무 오랜 시간 말을 하거나 노래를 부르거나 혹은 소리를 질러 성대에 무리를 주는 것은 피한다. 충분한 수분을 공급하는 것도 성대에 휴식을 줄 수 있는 방법이다.

우리 모두는 목소리 부자가 될 수 있다. 그러나 목소리 부자가 되지 못한다 하더라도 적어도 누군가에게는 내 목소리가 가장 특별할 수도 있다. 내가 가지고 있는 목소리를 잘 관리하자. 내가 하는 말은 내 귀가 제일 먼저 듣는다. 내게 좋은 목소리는 다른 사람에게도 듣기 좋은 소리일 것이다.

동물들의
특별한 소리 세계

소리를 낼 수 있는 능력은 인간만의 고유한 전유물이 아니다. 동물들도 다양한 소리를 낼 수 있다. 다만 인간과 같이 섬세한 발성 기관이 없기 때문에 소리의 종류나 표현 방식이 제한적일 뿐이다. 그래서일까? 동물들은 오히려 소리를 듣는 감각이 사람보다 훨씬 더 민감하다. 이번에는 동물들의 소리 세계를 들여다보려 한다.

건물 붕괴에서
사람을 구한 강아지 복돌이

모두가 곤히 잠든 어느 날 새벽, 서울의 주택가에서 철거를 앞두고 있던 낡은 2층짜리 주택이 갑자기 무너져 내렸다. 당시 건물 안에서 자고 있던 사람들은 다행히 붕괴 바로 직전에 집을 빠져나와 구사일생으로 목숨을 구할 수 있었다. 이들의 탈출을 도운 생명의 은인은 바로 마당에서 키우던 강아지 복돌이었다.

복돌이는 어떻게 집이 무너질 줄 알고 집 안 사람들을 구한 것일까? 일반적으로 개는 사람보다 가청 주파수의 음대역이 넓다. 사람의 경우 가청 주파수가 20~20,000헤르츠인 반면 개의 경우는 15~50,000헤르츠이기 때문에 사람이 들을 수 없는 초고주파음도 잘 들을 수 있다. 붕괴가 일어나기 전 철근에 콘크리트가 긁히면서, 혹은 구조물이 흔들리면서 소리가 나는데, 이 소리는 마치 손톱으로 칠판을 긁을 때 나는 소리처럼 듣기 싫은 초고주파로서 아주 미세하고 불규칙적이다. 이런 소리가 어느 정도 반복되다가 결국은 붕괴가 일어나는 것이다. 복돌이는 붕괴가 일어나기 직전 발생한 초고주파를 감지하고, 위기 상황에서 크게 울부짖음으로써 사람들을 구할 수 있었던 것이다.

복돌이와 같이 재앙을 미리 예지하는 동물들의 소리 육감 사례는 많이 찾아볼 수 있다. 일본에서는 지진 전후에 발생하는 지각을 흔드는 초저주파음처럼 미약한 전기신호를 감지할 수 있는 메기가, 비슷한 상황이 되면 물속에서 초저주파음을 감지해 요란하게 요동친다는 보고가 있다. 그래서 일본의 가정에서는 지진예보를 위해 어항에 메기를 기르기도 한다.

2004년 남아시아 지진해일 때 강력한 쓰나미를 예측하지 못한 탓에 무려 16만 명이나 되는 사람들이 목숨을 잃었지만, 해일이 쓸고 간 스리랑카의 얄라국립공원에서는 동물의 사체가 거의 발견되지 않았다고 한다. 특히 코끼리의 경우 쓰나미가 몰려올 때 발생한 20헤르츠 이하의 초저주파음을 귀와 발바닥으로 감지하고 미리 높은 산으로 대피했다고 알려졌다. 중국 스촨성에서 대지진이 발생하기 직전에는 겨울잠을 자던 두꺼비가 땅속에서 지진파를 감지하고 탈출해서 아스팔트 위로 올라와 대행진을 하기도 했다.

겨울잠을 자던 동물들이 소리를 듣고 탈출하는 현상은 우

리나라에서도 몇 해 전 늦가을에 에밀레종을 타종할 당시 나
타났었다. 대종을 치게 되면 종소리의 초저주파음이 땅속으
로 들어가서 울리게 되고, 이때 동면 중인 개구리들이 밖으
로 뛰쳐나와 종소리와 함께 울어댄다고 한다. 새떼들도 지진
이 일어날 때 유발되는 초음파음을 감지하고서 이상 행동을
보이기도 한다.

　이처럼 사람이 들을 수 없는 초저주파음이나 초음파의 소
리를 동물들은 들을 수 있어 사고를 예방하는 능력이 있음을
증명하는 사례들이 많다. 동물들의 소리 육감을 활용할 수
있다면 지진이나 해일, 건물 붕괴와 같은 재난으로 인해 발
생하는 인명 피해를 크게 줄일 수 있을 것이다.

ǁ 메기는 지진파 같은
충격음이나 전기에
약하고, 코끼리는
발을 통해 초저주파를
느낄 수 있다.

동물은 웃는 걸까,
우는 걸까

최근 '개도 웃는다'는 외신을 접한 〈TV 동물농장〉으로부터 제안이 왔다. 정말 개가 웃는다면 그 소리를 녹음해서 다른 개들에게 들려주자는 이야기였다. 상식적이지 않은 이야기를 들으면 '개도 웃을 일'이라는 옛 표현이 있을 만큼 개는 웃지 않는다고 알려져 있었는데 개의 웃음소리를 녹음하자니 정말 뜻밖의 제안이었다.

사실 개를 가장 가까이에서 돌봐주는 애견가들은 개가 좋아하거나 같이 놀아줄 때는 평상시와는 다른 모습을 하며 다른 소리를 낸다는 것을 알고 있다고 한다. 그래서 잘 웃는다는 강아지를 키우고 있는 가족들을 모아서 개 웃는 소리를 채집하기로 했다. 개가 웃고 있다고 짐작되는 모습을 보면, 긴 혀를 내 보이면서 헐떡거리며 숨 쉬는 소리를 내는 것 같기도 하고, 표정으로만 봐서는 화가 나서 얼굴을 찌푸리고 있는 것 같기도 했다. 하지만 개들은 분명 평소와 다른 모습이었고 다른 소리를 내고 있었다.

실제로 웃는 소리가 평상시와 어떻게 다른지 소리 스펙트럼을 비교해보기로 했다. 먼저 몇 바퀴를 뛰게 한 다음에 가쁘게 몰아쉬는 숨소리와 일상적인 편안한 숨소리, 그리고 개가 웃고 있다고 생각될 때의 소리를 비교 분석했다. 평상시에 비해 운동 후의 숨소리가 1,000~2,000헤르츠대의 중음성분이 약간 증가하는 정도로 나타났다. 반면, 강아지가 즐거울 때 내는 웃음소리는 2,000헤르츠 이상의 경쾌한 소리성분이 많이 발생했다. 즉 개가 웃을 때는 헐떡거림의 템포가 빨라지고 경쾌하게 숨을 쉬며 '흐~흐~흐~흐~' 하는 소리가 들렸다.

그러나 우리가 분석한 바로는 아쉽게도 개의 웃음소리가 다양하지 못했다. 그것은 개의 구강구조가 사람과는 달리 특정 공명음을 만들어내지 못하기 때문이다. 대부분 숨 쉬면서 목을 간지럽게 스치는 소리로 이루어진다. 그래서 개의 웃음소리는 대부분 '흐~흐~흐~흐~'로 들리게 되고, 다만 웃을 때는 평소보다 맥박이 상승하고 감정이 일어나므로 숨소리의 템포가 좀 더 빨라진다. 따라서 대부분의 사람들은 개웃음소리를 들어도 정말 개가 웃는 건지 아닌지를 잘 구별하지 못한다.

방송사의 제안대로 개들이 웃는 소리를 녹음해서 잡음을

∥ 강아지들은 빠르고 경쾌한 숨소리를 내며 웃는다(위). ⓒ 안들에 웃음소리를 채취하여 CD에 담아 판매했고 그 수익금을 모두 동물보호단체에 기부했다(아래).

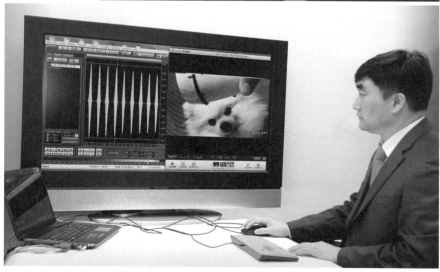

배명진 교수의 소리로 읽는 세상

제거한 후 음반에 녹음하여 다른 개들에게 들려주어 웃음소리의 효능을 실험해보기로 했다. 먼저 서로 만나기만 하면 앙숙으로 돌변하는 네 마리의 개가 함께 사는 집을 찾아가 웃음소리를 들려주었다. 웃음소리를 재생하자마자 개들의 표정이 평소와는 다르게 변하면서 서로를 쳐다보다가 경쾌한 소리를 내며 함께 어울리기 시작했다. 개들에게도 웃음 바이러스가 전파된 것이다.

다음에는 병약하여 우울증까지 걸린 개에게 웃음소리를 들려주었다. 한걸음도 떼기 힘들어하던 모습이었는데 웃음소리를 듣자 힘을 내어 앞으로 걷는 것이 아닌가! 함께 사는 가족 중 특정인에게만 이유 없이 반감을 갖고 짖어대는 개에게도 웃음소리를 들려주며 다가가게 했더니 별다른 거부감 없이 받아들였다. 이 모습이 방송된 후 개의 웃음소리 파일은 15만 건이나 판매될 정도로 인기를 얻었고 판매 수익은 유기견을 위한 기금으로 전액 기부되었다.

이처럼 웃음소리 하나만 들려줬을 뿐인데 개들 사이, 혹은 개와 사람 사이에 삭막하던 분위기가 기적처럼 유쾌하고 생동감 넘치게 변하는 모습을 보니 웃음의 힘은 사람이나 동물에게나 다 마찬가지로 강력하다는 것을 알 수 있었다.

웃음은 사람이나 동물이나 모두에게 행복 바이러스를 퍼뜨린다. 특히 한 번 크게 웃을 때마다 우리 몸에 좋은 호르몬이 스물한 가지나 만들어진다고 한다. 또한 우리 몸에 있는 650개 근육 중 231개의 근육이 움직이며 마음이 편안해지고 심장 또한 튼튼해진다. 이 글을 읽으면서 우리 모두 한 번 크게 웃어보자. 내 앞에 있는 사람도 내 옆에 있는 사람도 모두 따라 웃을 것이다.

사람의 말을 하는 코끼리, 코식이를 아시나요

동물이 사람처럼 웃을 수 있다면 사람처럼 말도 할 수 있지 않을까? 발성 기관을 갖고 있지 않음에도 불구하고 사람의 말을 정확하게 발성하는 코끼리가 바로 우리나라에 있다는 사실, 알고 있었는가?

2006년 9월의 일이었다. 에버랜드에 있는 아시아코끼리 '코식이'가 사람의 말을 한다는 제보를 들었다. 우리는 곧바로 방송사 촬영팀과 함께 에버랜드를 찾았다. 실제로 코식이가 한국어를 하는 모습을 보고 놀라움을 금치 못했고 이러한 현상을 자세히 관찰 분석하여 발성 원리를 규명해주었다. 당시 로이터통신과 CNN 및 국내의 언론사에서 앞다투어 보도 경쟁을 벌인 덕분에 코식이와 사육사는 물론 나까지 국내외적으로 유명해졌던 사건 아닌 사건이었다.

당시 코식이는 4톤 이상의 몸무게를 가진 15세의 코끼리였다. 코끼리들은 평소 5~15헤르츠의 초저주파를 사용하여 의사소통을 하기 때문에 사람의 귀로는 전혀 들을 수가 없다. 다만 화가 나거나 위기 상황에서 우리가 흔히 알고 있는 나팔소리와 비슷한 소리를 낼 수 있을 뿐이다.

그러나 코식이는 놀랍게도 자신의 코로 바람을 불어 백색소음을 만들고, 더 나아가 입안에 코를 넣어 비틀거나 혹은 누르면서 소리를 내어 열 가지 이상의 단어를 구사하고 있었다. 뿐만 아니라 사육사의 성대 톤까지 흉내 냈다. 코끼리와 사육사가 발성한 소리를 비교 분석해보면 사육사의 말인지 코끼리의 말인지 구분되지 않을 정도로 비슷했다.

이후 우리 연구팀은 코식이의 발성법이나 언어인지 능력에 있어 사람의 말을 흉내 내는 다른 동물들과의 차별성 등에 대해 수년간 연구하며 국내외 학술지에 논문을 발표했다. 연례행사처럼 동물 관련 TV 프로그램에서 코식이가 등장하면 방송사에서는 어김없이 소리공학연구소를 찾아와 과학적인 분석을 요청했고, 우리는 이에 성실하게 응하면서 코식이가 건강하게 잘 자라고 있다는 소식을 확인할 수 있음에 만족했다.

그러던 2010년 가을, 에버랜드에서 외국의 동물학자들을 초청하여 코식이에 대한 국제화 연구를 추진한다고 대대적인 홍보를 하기 시작했다. 우리는 세계 최초로 인간의 언어를 그대로 발성하는 코식이가 한국에 있다는 사실에 자부심

배명진 교수의 소리로 읽는 세상

을 느끼면서 코식이에 대한 연구가 성공하기를 기원했다. 그들은 일주일 동안 코식이가 어떻게 발성을 하고 어떤 이유로 말을 하게 되었는가에 대해 상당한 관심을 가지고 진지하게 연구하고 돌아갔다. 마침내 2012년 10월 세계적인 학술지 〈커런트 바이올로지Current Biology〉에 코식이의 발성 원리와 함께 코식이가 한국어를 하는 이유가 사육사와 교감하기 위한 것이었다는 내용으로 연구 결과가 발표되었다.

이 소식을 접한 우리 연구팀은 코식이가 과연 7년 전과 비교했을 때 어떻게, 그리고 무엇이 달라졌는지 알아보기로 했다. 에버랜드를 방문해보니 우선 코식이가 거주하는 환경이 크게 달라져 있었다. 옛날 사육장은 지붕이 있긴 했지만 틈 사이로 하늘이 간간히 보이는 일반 우리였던 것에 비해, 지금은 영화 〈쥬라기공원〉에서나 봄직한 큰 공간에서 생활하고 있었다. 게다가 철문과 항온지붕으로 지어져 이전보다 훨씬 웅장하고 깨끗한 모습이었다.

코식이 또한 변해 있었다. 22세의 장정 코끼리가 되어 목소리 톤도 점잖고 굵어졌으며, 사육사를 대하는 태도도 전보다 더 친근감 있어 보였다. 7년 전에는 사육사가 젊었기에 코식이의 발성 톤도 사육사와 같은 132헤르츠를 유지했으나, 지금은 사육사의 목소리가 노화하고 저음화되어 112헤르츠로 낮아지자 코식이의 목소리도 똑같이 바뀌었다는 사실을 확인할 수 있었다. 코식이의 음감 능력이 향상되었다는

ǁ 말하는 코끼리
코식이와 사육사.
ⓒ에버랜드

것, 그리고 발성하는 단어 자체의 의미보다 사육사와의 교감
을 바라고 있다는 사실은 사육사의 연령에 따른 목소리 음색
의 변화를 함께 따라가고 있는 모습에서 확실히 입증되었다.
　다음으로는 코식이가 발성하는 단어의 수를 살펴보았다.
2006년에는 "누워, 앉아, 안 돼, 발, 좋아, 뒤로 돌아, 아직"
등의 10가지 이상의 단어를 발성했는데, 지금은 "좋아, 누
워" 2개로 단어수가 급속히 줄었다. 그 이유를 물어보니 사

　　　　　　　　　　　　　　　배명진 교수의 소리로 읽는 세상

육 시설이 좋아져 지금은 코식이가 앉거나 뒤로 돌 필요가 없어져 "앉아, 뒤로 돌아"라는 말을 사용하지 않기 때문이라는 것이다. 주로 먹이를 줄 때 기분이 좋아져서 "좋아"라는 단어를 발성하고, 또 키 높이가 맞지 않을 때 "누워"라고 대화하는 정도이기 때문에 지금은 많은 단어를 사용하지 않는다고 대답했다.

단어수가 줄어 아쉽지만 코식이의 말투에서는 아주 큰 변화를 발견할 수 있었다. 2006년 사육사는 코식이에게 명령할 때 경상도 사투리를 많이 사용하고 있었다. 단어를 발성할 때 초두에 강세를 넣고 어미를 폐쇄하는 말투였다. 당시에는 코식이도 사육사의 말투를 흉내 내어 경상도 사투리로 발성하고 있었다. 최근에도 사육사의 말투에는 경상도 억양이 남아 있었다. 그런데 놀랍게도 촬영팀 감독이 표준어로 코식이와 말을 나누려고 시도하니 코식이의 응답 또한 표준어가 나오는 것이 아닌가. 감독이 "좋아"라고 말하면서 어미를 올리는 말투로 말을 하자 코식이도 똑같이 어미를 올리면서 "좋아"를 따라 하는 것이었다. 자신의 말투를 그대로 따라 하는 코식이의 모습이 놀라워 감독이 십여 차례나 반복해서 발성해보아도 이에 응답하는 코식이의 말투는 동일했다.

코식이의 발성에서 기본 톤의 변화를 분석해보니, 사육사에게 말을 할 때는 112헤르츠의 저음 톤이었으나, 촬영팀 감독과 말을 할 때는 150헤르츠로 높아졌다. 즉 코식이는 들리는 말의 음색을 그대로 따라 할 수 있을 만큼의 청감도를 갖고 있다는 사실이 새롭게 밝혀진 것이다. 제2공명울림의 주파수 변화는 얼마나 사람 목소리와 비슷한지에 초점이 맞추어진다. 놀라운 것은 감독이 점차 의문형으로 주파수를 크게 변화시키니 코식이도 점차 어미를 높이기 시작했다는 점이다. 코식이는 언어의 의미 정보도 잘 전달하지만 부차적으로 음정이나 말투까지도 흉내 낼 수 있는 수준에 도달해 있었다.

코식이는 이제 단순히 한국어를 하는 것이 아니라 상대방의 말투를 따라 하는 능력까지 갖추게 되었다. 노화된 사육사의 음색, 강세와 억양이 다른 발성자의 말투, 동일한 단어를 의문형이나 감탄형, 이 모두를 그대로 따라 발성한다. 말 그대로 코식이는 사육사의 말만 흉내 내는 것이 아니라 사육사의 감정과 말투까지도 그대로 모방하는 것이다.

현재 에버랜드 사파리에서 코식이를 만나볼 수 있다. 여러분도 직접 가서 세계적으로 유명한 말하는 코끼리 코식이와의 대화를 시도해보는 것은 어떨까? 인간의 언어로 동물과 교감을 나누는, 아마도 평생 잊지 못할 좋은 추억거리를 만들 수 있을 것이다.

선생님을
애타게 부르는 닭

전라남도 광양에 있는 한 초등학교에서는 '가축생활관'을 만들어 공작새, 칠면조, 구관조 등을 기르고 있다. 그런데 어느 날 '선생님' 하면서 울부짖는 소리에 깜짝 놀라 소리가 나는 곳으로 달려가 보니 사람이 아니라 닭이 내는 울음소리였다고 한다. 보기에 아주 평범하게 생긴 닭이라 도저히 사람 말을 할 것 같지 않았는데 모든 선생님들이 듣기에도 이 닭은 '선생님'이라고 들리는 소리를 내며 측은하게 울어대고 있었단다. SBS 〈순간포착 세상에 이런일이〉 팀이 제보를 받고 현장으로 달려갔고, 울음소리를 직접 들은 제작진들도 놀라움을 감출 수 없었다고 한다.

그렇다면 정말 닭이 사람의 말을 흉내 내고 있었던 것일까? 아니면 그저 우리 귀에 비슷하게 들렸던 것일까? 먼저 문제의 닭 울음소리를 사전 지식이 전혀 없는 100명의 학생들에게 들려주고 다른 닭 울음소리와 무엇이 다른지에 대해 알아보기로 했다. 응답자의 47퍼센트가 '선생님'처럼 들린다고 했다. 이어서 같은 학생들을 대상으로 이 닭은 한 초등학교에서 사육 중인 닭으로 학생들이 선생님을 부르는 것을 보고 소리를 흉내 낸 것 같다는 내용으로 닭의 울음소리에 대해 사전 정보를 제공해주었다. 그러고 나서 닭의 울음소리를 다시 들려주었더니 이번에는 응답자의 98퍼센트가 닭이 '선생님' 하면서 운다고 응답했다.

이처럼 사전 정보를 받은 후 특정한 단어 청취 확률이 크게 높아진 것은 사전 각인에 의한 학습효과 때문이다. 우리가 듣는 소리는 정확한 패턴이나 물리적인 수치로 머릿속에 기억되는 것이 아니라 다만 비슷한 유형으로 기억된다. 따라서 어떤 소리를 들려주기 전에 해당 소리에 관한 사전 정보를 미리 알려주면, 사람들은 그 정보에서 알게 된 내용과 비슷하게 들리는 소리가 모두 사전에 각인시켰던 소리라고 판단하게 된다.

그렇다면 특별한 닭이 내는 울음소리인 '선생님'과 일반적인 닭이 내는 울음소리 '꼬끼오'의 유사점과 차이점은 무엇인지 분석해보기로 했다. 이를 위해 닭을 기르고 있는 초등학교의 학생 10명에게 '선생님'이라고 부르게 하고 이를 녹음하여 파형을 분석한 다음 닭 울음소리와 비교했다. 먼저 소리의 지속 시간은 93퍼센트의 유사성이 있다고 판명되었

배명진 교수의 소리로 읽는 세상

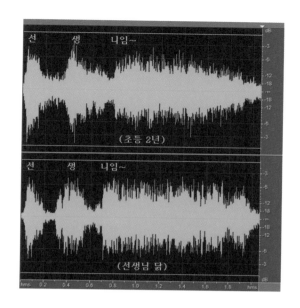

ll '선생님' 이라고
말하는 사람과 닭의
울음소리 파형을
비교했더니 비슷한
패턴을 보였다.

다. '선'과 '꼬' 모두 초두에 강세가 나타났고, '생'과 '끼'에
톤의 어감 변화가 있었으며, '님'과 '오'의 지속 시간이 모두
평탄하게 길어지는 특성을 가졌다.

이와 비슷한 사례는 서울 영등포의 연립주택에서도 일어
났다. 아침저녁으로 좁은 골목길을 따라 멀리서 들리는 닭
울음소리가 마치 '사람 살려~'라는 비명소리로 들린다면서
동네 주민이 방송국에 제보를 했다. 스마트폰으로 녹음한 닭
울음소리를 들어보니, 정말 어떤 사람이 멀리서 지르는 비명
소리로 착각할 정도였다. 그러나 제보를 받고 흥분해서 긴급
히 현장을 찾은 제작팀에게 닭의 주인은 오히려 평범한 닭

울음소리에 웬 수선이냐면서 의아해하는 것이 아닌가? 자신의 닭은 다른 닭과 마찬가지로 그냥 '꼬끼오' 하면서 운다는 닭 주인의 말에 실제로 닭의 울음소리를 가까이서 들어보니 정말 평범한 울음소리였다.

글자로 적어놓으면 '꼬끼오'와 '사람 살려'는 분명 다른 단어이다. 그러나 소리의 지속 시간과 강세 위치로 볼 때는 놀랍게도 비슷한 패턴을 보였다. 특히 멀리서 들으면 소리에너지가 큰 모음 위주로 소리가 전달되는데, 이때 모음에 강세를 넣어 발성해보면 '오오이오'와 '아아이어'는 비슷하게 들린다.

그리고 닭 중에서도 혈기왕성한 장닭인 경우에는 울음소리가 '꽈끼어'라는 소리로도 들릴 수 있는데, 장닭의 울음소리는 일반 닭보다 성대 톤이 높고 우렁차서 더 큰 소리로 높은 고음을 내기 때문이다. 따라서 골목길을 따라 저 멀리서 장닭의 울음소리가 들리면, 자음은 멀리까지 전달되지 않고 모음 위주의 '오아이어'만 울리면서 '사람 살려'와 같은 비명소리로 들릴 수 있는 것이다.

이번에도 100명의 학생들에게 골목길에서 들렸던 닭 울음소리를 들려주고 어떤 소리로 들리는지 적어보라고 했다. 응답자의 87퍼센트가 사람 비명소리로 들린다고 했으며, 40퍼센트는 '사람 살려'로 들린다고 대답했다. 사전 각인 이후에는 '사람 살려'로 들린다는 인원이 91퍼센트로 증가했다. 소리 스펙트럼을 비교 분석한 결과 사람이 내는 소리와 멀리서 듣는 닭의 울음소리는 성문변화 특성이 비슷하게 얻어졌으며, 특히 '사람'과 '살려' 부분의 어감 변화가 '꼬끼오'의 경우와 비슷하게 나타나 비명소리로 혼돈을 일으킨 것이다.

사실 닭의 울음소리에 의미를 두려고 한 것은 사람들이다. 선생님을 부르는 닭이 외국의 초등학교에서 같은 소리를 내며 울었다면, 그 소리는 '선생님'으로 들리지 않았을 것이고 닭이 사람의 말을 하는 현상으로 받아들여지지 않았을 것이다. 학생들이 많이 쓰는 '선생님'이란 단어와 비슷한 소리가 우리나라의 초등학교에서 발성되었기에 특별한 의미를 갖게 되었고 관심의 대상이 된 것이다. 또한 골목길을 사이에 두고 사람들이 무리지어 살고 있는 한국의 동네가 아닌 외국의 들판에서 '사람 살려'와 비슷한 닭의 울음소리가 들렸다면, 그 소리 또한 크게 관심을 끌지는 못했을 것이다.

이렇게 분석된 닭의 울음소리는 귀중한 자료로 소리공학 연구소에 보관되어 있다. 틈틈이 강연 자료로 사용하기도 하고, 분석 결과에 의거하여 닭이 과연 왜 이런 소리를 발성했었는가에 대한 나름대로의 추측도 해보곤 한다. 다음엔 또 어떤 동물들이 어떤 소리를 우리에게 들려줄지 기대해본다.

물소리를 들으며
도를 닦는 강아지

자연에서 들리는 소리는 무수히 많지만 그중에서도 우리의 마음을 강하게 울리는 소리는 무엇일까? 대표적으로 약수터의 물 떨어지는 소리, 폭포소리, 시냇물 흐르는 소리, 비 내리는 소리, 파도치는 소리 등을 들 수 있다. 물을 비롯한 자연의 소리는 아무런 뜻 없이 들리는 백색소음이 대부분이다. 백색소음이란 여러 가지 음높이 성분들이 합쳐진 복합음으로 우리 귀에는 '샤아~' 하는 단순한 소리로 들릴 뿐이다.

우리 주변에도 백색소음과 유사한 소리가 많다. 욕조에 설치된 샤워기나 수도꼭지에서 물을 틀었을 때 들리는 소리는 폭포소리와 유사하다. 간혹 물소리만 들어도 상쾌하고 개운한 느낌을 받을 수 있다. 특히 샤워기를 통해 물이 욕조나 목욕탕 바닥에 떨어지면 물이 바닥에 닿을 때 부딪치는 소리가 제각각이어서 여러 가지 소리성분이 합쳐진 복합음, 즉 백색

배명진 교수의 소리로 읽는 세상

॥ 샤워기를 통해
물이 떨어지는 소리나
에어컨에서 나오는
바람소리도 대표적인
백색소음이다.

소음이 된다.

백색소음과 관련된 한 일화로 〈TV 동물농장〉에 출연했던 강아지가 생각난다. 촬영팀에서 보낸 비디오를 재생하니 아주 놀라운 광경이 펼쳐졌다. 주인이 외출하거나 혹은 모두가 잠든 밤이 되면 강아지가 혼자 욕실로 들어가 다리로 쳐서 샤워기를 틀어놓은 후 그 소리를 들으면서 하염없이 생각에 잠겨 있는 모습이 녹화된 것이었다. 혹시 샤워기를 통해 나오는 물로 샤워를 하는 것이 아닌가 하고 비디오 내용을 재차 확인해보았으나 그런 모습은 찾을 수 없었고 주인 또한 자신의 강아지는 물을 싫어한다고 말했다.

강아지가 듣는 소리의 음대역은 사람보다 훨씬 높으며 또한 작은 소리도 민감하게 잘 인식한다. 샤워기에서 나오는 소리는 여러 가지 음높이가 포함된 넓은 음폭의 백색소음인데 사람들은 그중 20,000헤르츠까지만 들을 수 있다. 반면에 강아지는 샤워기의 물 떨어지는 소리에서 50,000헤르츠까지도 들을 수 있다.

그렇다! 강아지는 깊은 밤이면 샤워기를 틀어놓은 후 사람들보다 훨씬 더 폭넓고 시원하게 들리는 물소리를 들었다. 즉 백색소음을 즐기며 홀로 도를 닦고 있었던 것이다. 강아지는 과연 무슨 생각을 하고 어떤 도를 닦고 있었던 것일까? 상황을 짐작하건대 집 안에 두 마리의 개가 더 있었던 것으로 보아 생활공간이 부족한 데서 오는 답답함과 스트레스가

ll 강아지는 인간에
비해 음폭 청감도가
2.5배, 음압감도는
10배 이상 민감하다.

쌓이면서 그 배출구를 찾으려 했던 것은 아닐까? 도를 닦아
야 했던 이유는 강아지 자신만이 알겠지만 우리는 덕분에 도
닦는 강아지를 보게 된 것이다.

　이처럼 우리가 평소에 쉽게 접할 수 있는 자연의 소리인
백색소음은 사람들에게 안정감을 느끼게 해주고 집중력을
높여줄 뿐만 아니라 동물인 강아지에게도 스트레스 해소와
편안함을 준다는 사실을 다시 한 번 확인할 수 있었다. 우리
도 샤워기의 물 떨어지는 소리나 파도소리 같은 백색소음을
들으며 도 닦는 강아지처럼 오늘 밤 깊은 명상에 한번 잠겨
보는 것은 어떨까?

사건을 해결할
소리를 찾아라

소리는 많은 정보를 담고 있다. 특히 사건 현장에서의 소리를 찾아 분석하면 누가 그 현장에 있었는지, 언제 어떻게 사건이 일어났는지 결정적 단서를 확보할 수 있다. 이번 장에서는 미궁에 빠질 뻔했던 살인사건이 단 1.2초의 피의자 소리를 분석함으로써 해결되었던 일, 남양주시 주민들을 한동안 공포에 떨게 만들었던 미지의 폭발음 사건, 그리고 북한의 인공위성 발사 등 사건 현장에 있었던 소리를 통해 이야기를 다시 짜맞춰보려 한다. 무심코 지나칠 수 있는 소리를 잘 찾아내어 분석해보면 해결하기 어려운 사건들을 풀 수 있는 실마리를 제공해줄 수 있다는 사실이 놀랍지 않은가? 자, 이제 소리 CSI를 경험해보자.

1.2초의
소리 흔적

녹차 재배지로 유명한 보성에서 세상을 놀라게 한 살인사건
이 일어났다. 2007년 추석 무렵, 광주에 사는 남녀 대학생이
보성에 놀러왔다가 해안가를 거닐고 있었다. 그들은 고깃배
를 손질하는 칠순 할아버지를 보고 사례를 할 테니 해안 주
변을 돌아볼 수 있도록 배에 태워달라고 부탁했다. 대학생들
이 할아버지의 배를 타고 가던 중 한적한 곳을 지나게 되자
갑자기 노인의 성욕이 예기치 않게 발동했는지, 혹은 의도적
인 계획에 의해서인지 모를 사건이 일어났다. 노인은 먼저
남학생을 밀어 바다에 빠트렸고, 남아 있는 여학생의 손을
뒤로 묶은 다음 좁은 조종실에 가둔 후 성추행을 하기 위해
다른 장소로 배를 몰았다.

이때 여학생은 기지를 발휘하여 휴대폰으로 119에 전화를
시도했다. 여학생은 네 차례에 걸쳐 매회 10여 초의 기록을

남겼는데, 세 번까지는 119의 응답원이 전화를 받아도 배의 엔진소음만 들릴 뿐 아무 소리도 나지 않자 119 측에서 먼저 끊어버렸다. 마지막 네 번째는 할아버지에게 들켰는지 여대생이 먼저 전화를 끊어버렸다고 한다. 이 여학생도 저항하다 결국 바다에 내던져져 사망하고 말았다. 이후 같은 지역에서 다른 여성 두 명의 시신도 추가로 발견되었다. 검찰은 같은 인물의 소행으로 보고 칠순 노인을 두 건의 살인사건을 저지른 용의자로 지목했다. 이른바 '보성 어부 살인사건'이다.

검찰에서 추측한 사건 경위를 살펴보면, 두 명의 여성들이 해변을 거닐다가 노인의 배를 보고 한 바퀴만 유람시켜달라고 졸랐다. 배를 태워준 노인은 한적한 곳에 이르자 한 명의 가슴을 만지며 추행을 시도했다. 이때 여성들과 어부 사이에 몸싸움이 발생했고, 이들은 모두 바다에 빠지게 되었다. 어부는 칠순이 넘은 노인이었지만 힘은 장사여서 혼자 물에서 빠져나와 배 위에 올라탔고, 뒤따라 배 위로 올라오려는 여성들을 갈고리로 밀어서 바다에 수장시켜버린 희대의 살인사건이었다.

피의자로 의심받던 노인은 즉시 체포되었다. 그러나 범행을 완강히 부인하고 있었다. 피의자는 처음 고깃배에 그들을 태워주지 않았다고 진술했다가 막상 자신의 선박에서 피해자의 머리카락이 나오자 금방 말을 바꾸었다. 태워주기는 했지만 결코 죽이지는 않았다는 것이다. 나중에 희생자의 것으로 추정되는 디지털카메라가 바닷속에서 발견되었는데 카메라 안에 담긴 사진을 인화해보니 피의자의 선박을 배경으로 찍은 몇 장의 사진이 나왔다. 그래도 피의자는 두 명의 여자들을 그냥 태워주기만 했을 뿐 죽이지는 않았다고 계속 주장했다.

담당 검사의 의뢰에 따라 우리는 소리로 이 사건을 해결해보기로 했다. 여대생의 휴대폰을 통해 119에 기록된 네 번의 휴대폰 통화 기록에는 몇 가지 잡음이 들어 있었다. 그 잡음 안에서 피의자의 목소리를 찾고, 또한 그 안에서 들리는 기계음이 피의자의 선박 엔진소리와 일치한다면 어부를 기소할 수 있는 결정적인 단서가 될 수 있었다.

일반적으로 녹음된 목소리가 동일인인지 여부를 파악하려면 적어도 10분 이상의 자료가 필요하다. 119에 기록된 잡음을 제거하고 들어보니 "어디서 무전이야?"라는 1.2초간의 목소리뿐이었다. 그러나 포기하지 않고 목소리를 정밀하게 분석해보니 결정적인 증거가 나왔다. 보통 나이가 들수록 발성 기관이 굳어져 특유의 공명음이 나타나는데, 녹음된 목소리의 공명이 피의자와 동일했던 것이다. 또한 1.2초의 짧은 구간이지만 피의자가 말할 때 목소리를 통해 나타나는 신체구조의 발성 특성도 거의 일치했다.

다음은 보성 부근의 해역에서 다양하게 활동 중인 선박들의 엔진소리를 분석했다. 피의자의 선박은 1톤 정도의 소형

|| 119에 녹음된 선박의
소리와 피의자의 선박
엔진소리를 비교했다.
아래는 범행에 사용된
1톤 선박의 모습이다.

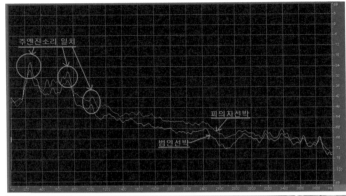

선박이었는데, 인근 해역에서는 이와 비슷한 선박들이 많이
운항 중이었다. 선박의 엔진소리는 동일한 크기라도 연식이
나 운행 방식에 따라 서로 다른 소리 공명이 유발되는데,
119에 기록된 네 차례의 선박소음을 분석해보니 피의자 선
박의 엔진과 동일한 공명음이 얻어졌다.

그 후 재판이 진행되면서 다른 증거들도 더 나왔을 수도 있겠지만, 1.2초의 소리 증거야말로 보성 살인사건의 진실을 밝히는 데 크게 기여했다. 어부는 결국 살인죄로 사형선고를 받았다.

도시를 울린
소리의 정체

요즘은 IT 관련 기기들이 많이 보급되어 소리 증거를 확보하기가 용이하다. 일반적으로 녹음된 소리는 법정 증거로 크게 활용성이 없다고 생각하지만, 결정적인 증거가 녹음된 경우 귀중한 자료가 된다. 앞서 말한 '보성 어부 살인사건'에서도 단 1.2초의 기록이 범인을 잡는 중요한 단서가 되었음을 볼 때 목소리 증거의 중요성을 다시 한 번 확인할 수 있었다. 그러나 소리로 모든 사건이 해결될 수 있는 것은 아니다. 남양주시에 울린 여러 번의 폭발음은 아직도 원인이 명확하게 밝혀지지 않은 미해결 사건이다. 남양주시를 울린 소리의 정체는 무엇일까?

2010년 1월 24일 경기도 남양주시 화도읍 묵현리 마을에서 의문의 폭발음이 발생했다. 이후 70회 이상 폭발음이 계속되었으나 정체가 밝혀지지 않아 주민들의 불안은 날로 심

배명진 교수의 소리로 읽는 세상

해져 갔다. 우리 연구팀은 2월 초부터 SBS의 요청으로 촬영
팀과 함께 현장에 갔으며, 2월 17일 오전에는 폭발음의 진원
지를 과학적으로 찾아 남양주시 경찰서에 전송해주었다. 당
시에는 평면도 상의 폭발음 진원지였지만 이후에는 입체 진
원지, 즉 수직 높이별로 폭발음 진원지를 찾기 위해 센서를
수직으로 배열한 후 폭발음을 기다렸다.

　사건이 확대된 것은 폭발음이 한 달 동안 계속되자 남양주
시의 공무원들과 사설 소음연구소에 의해 주도된 보일러 사
건 오보 해프닝이 있었기 때문이었다. 그들은 〈MBC 뉴스데
스크〉 팀의 보도를 통해 '미상 폭발음의 주인공은 보일러'라
고 단언하면서 분명히 1층 보일러가 문제이니 새로 교체하
라고 한 것이다. 집주인은 불안하여 사비를 들여 보일러를
즉시 교체했다. 그러나 다음날 오전 폭발음이 다른 곳에서
또다시 발생했다. 1층 집주인은 문제도 해결하지 못한 채 돈
만 쓴 상황에 처하고 말았다.

　일이 이렇게 되자 공무원들과 사설 연구소 직원들은 다시
진원지를 찾기 위해 30년 경력의 보일러 기사를 불러 점검
하면서, 실험을 한다는 명목으로 인위적인 보일러 폭발음을
일으켰다. 그러고는 4층에 있는 4년 된 보일러의 배출구에도
문제가 있으니 또 보일러를 교체하라고 했다. 상황이 이렇게
되자 우리는 증거인멸의 우려가 있다고 만류하면서 보일러
를 뜯지 못하게 막았다. 그 이유는 다음과 같다.

첫째, 보일러에서도 폭발음은 분명히 유발되지만 과학적인 위치 판정 없이 대략적인 추측만으로 교체를 요구하면, 지금처럼 또 다른 곳에서 폭발음이 유발될 수도 있다. 그럴 경우 교체 비용도 비용이지만 교체된 보일러의 제조회사는 뚜렷한 근거도 없이 제품에 대한 불신과 함께 회사 신용도 추락의 위험을 떠안게 된다.

둘째, 우리는 누군가 고의적으로 공기압축성 폭발음을 내고 있다고 추정했다. 인터넷에서 '보일러 폭발사고'라는 제시어를 넣어 조사해보면, 남양주시에서 발생한 정도의 폭발음을 내는 폭발이라면 보일러실이 단번에 '뻥' 하고 날아가 버려야 하지만 그동안 아무런 피해 사례가 보고되지 않고 있었다. 게다가 미상의 폭발음이 한 달간 무려 70번 이상 계속되었고, 특정 시간대에는 들리지 않았다. 특히 의심받고 있었던 4층 보일러실 내부는 사용한 지 4년밖에 안 되었고, 배기관은 주름관으로 두 번 돌려져 있었는데 그 연결 부위에 폭발의 흔적이 전혀 없다는 점이었다.

셋째, 빌라 1층의 보일러가 폭발음 근원지가 아니라는 사실이 확인되자 공무원들은 사설 연구소의 직원들과 30년 경력의 보일러 전문기사를 동원했고, 이들은 4층에 설치된 보일러가 원인이라고 의심하고는 의도적으로 폭발 실험까지 했었다는 무용담을 인터뷰한 것이다. 결국 증거를 의도적으로 조작했다는 비난을 받을 수 있는 상황이 되었다.

　우리 주변에도 고의적으로 폭발음을 유발할 수 있는 것은
많다. 자동차도 배기구나 전기밥솥의 수증기 배출구가 막히
면 폭발할 수 있다. 우리는 정확한 폭발음 진원지를 찾기 위
해 여러 개의 센서를 설치해놓고 소리가 나기를 기다렸다.
1층의 보일러가 교체되었지만 다른 곳에서 두 번의 더 큰 폭
발음이 발생하였고, 4층의 보일러는 교체하지 않고 그대로
둔 상태였다. 이후 사흘이 지났건만 미상의 폭발음은 더 이
상 발생하지 않았다. 결과적으로 보일러가 폭발음의 원인이
아니었던 것이다.

　이 폭발음이 과연 보일러 배기구에서 나온 것인지 보다 정
확하게 소리 분석을 해보기로 했다. 먼저 보일러 기사가 위
험하지 않을 정도의 수준에서 4층 보일러실에서 가스 불완
전 연소실험을 한 후 이때 발생한 폭발음을 녹음했다. 또한

표준화된 가스보일러의 연통을 가져다가 연통 내에서 스피
커로 큰 폭발음을 내고 밖에서 녹음하는 등 다양한 실험을
진행했다. 그렇게 10여 차례 현장에서 직접 녹음한 소리를
미상의 폭발음과 비교 분석해보았다.

일반적으로 보일러에서 폭발음이 발생하면 반드시 배기관
을 통해 소리가 방출되는데, 이때는 배기통 안에서 통울림의
소리성분이 일정하게 나오는 파이프의 공명 현상을 유발한
다. 가령 플루트나 피리 같은 파이프형 악기들은 사람들이
서로 다른 세기나 방법으로 불어도 음계 소리가 동일하게 들
리는데, 그것은 파이프의 길이에 따라 소리의 음높이가 결정
되기 때문이다. 즉 우리가 사용하는 보일러의 배기관은 길이

90센티미터 정도의 통일된 규격이기 때문에 거의 같은 소리 특성을 낸다.

측정 결과 4층 보일러에서 수행했던 의도적인 배기통의 폭발음은 우리가 실험했던 보일러 배기관의 통울림과 소리성분이 아주 유사했으나, 남양주시에서 실제로 발생했던 폭발음과는 전혀 다른 양상이었다. 좀 더 정밀한 실험을 위해 보일러 배기관 안에서 폭발음을 수차례 울려보았다. 그러자 밖에서 듣는 폭발음의 특성은 배기관의 공명특성이 주로 나왔고, 미상의 폭발음과는 전혀 달랐다.

결국 미상의 폭발음은 보일러의 배기관에서 나온 것이 아니었다. 그렇다면 그 정체는 과연 무엇일까? 그 소리의 정체를 정리하면 다음과 같다. 우선 폭발음을 처음부터 기록했던 한 주민의 자료를 보면, 발생 시간대가 정해져 있었다는 점이 의도적인 폭발음으로 볼 수 있는 첫 번째 이유이다. 새벽 2~4시와 10~14시 사이에는 폭발음이 전혀 들리지 않았다.

두 번째로 폭발음이 처음 발생했던 1월 24일경에는 하루에 6~7번 정도 폭발음이 들렸으나, 매스컴이나 공무원들이 관심을 갖고 현장을 찾을 즈음에는 하루 3~4번 정도로 줄었다. 특히 소리공학연구소의 연구팀이 진원지를 찾아간 2월 17일경에는 하루 1~2회로 줄다가, 진원지에서 24시간 진을 치면서 입체센서 관찰실험을 하던 사흘 동안에는 폭발음이 전혀 들리지 않았다. 폭발음 유발자가 누구였던 간에 코앞에서 계속 대기하는 사람들 앞에서는 더 이상 폭발음을 유발하지 못한 것으로 판단된다. 즉 폭발음은 의도적으로 유발된 소리였다고 볼 수 있다.

세 번째로 폭발음의 소리특성이 아주 특이한데, 소리의 크기는 일반폭탄(곡사포, 해안포 등)의 65퍼센트 정도로 아주 크지는 않지만, 주변을 충분히 놀라게 할 만한 충격성 폭발음이었다. 반면 50헤르츠 이하의 소리성분은 별로 없어서 땅굴에서 울리는 소리는 결코 아니었다. 또한 100헤르츠, 200헤르츠, 400헤르츠 등의 성분과 2,000~3,000헤르츠 성분이 주로 나타나는 것으로 보아 공기압축성이 강한 폭발음이라 할 수 있다. 소리 지속 시간은 0.13초의 강한 파열과 공간울림의 특성이 0.2초 정도로 지속되는 강력한 단발성 폭발음이었다. 결론적으로 이 폭발음은 보일러나 땅굴에서 터지는 소리가 아니라 누군가 고의적으로 공기압축성 폭발음을 유발한 것이라고 할 수 있다.

이 사건은 아직도 해결되지 않은 채 남아 있다. 무슨 이유였든 간에 누군가 고의로 폭발음을 낸 것이라면 자신이 만들어낸 소리가 수많은 사람들을 불안과 공포로 몰아넣을 수도 있다는 사실을 잘 인지해야 할 것이다.

배명진 교수의 소리로 읽는 세상

북한이 쏘아 올린
인공위성의 비밀

북한은 수십 년 전부터 전쟁무기로 장거리 미사일 개발에 주력해왔다. 독재체제를 유지하기 위한 수단으로 극심한 식량난에도 불구하고 전쟁 분위기를 조성하며 긴장 국면을 계속 이어가고 있다. 가시적으로 떠오르는 군비증강의 결과 중 하나가 주변 국가를 향해 쏘아대는 '대륙간탄도미사일ICBM'이다. 북한의 미사일은 핵탄두를 달고 수천 킬로미터를 날아갈 수 있기 때문에, 우리나라는 물론 미국의 하와이나 일본 및 러시아까지도 사정거리 안에 둘 수 있다. 그래서 이들 국가는 유엔안전보장이사회의 만장일치로 북한의 로켓 발사를 규탄하는 유엔의장 명의의 성명을 발표하는 등 향후의 미사일 발사를 막기 위한 각종 제재와 협조를 국제사회에 요청하고 있다.

　사실 인공위성과 핵탄두를 쏘아 올리는 미사일 로켓 기술에는 큰 차이가 없다. 맨 윗부분에 실려 있는 물체가 위성발사체이면 인공위성이고 군사용 탄두가 실리면 탄도미사일로 분류된다. 이를 악용한 북한에서는 자신들이 발사하려는 로켓은 미사일이 아니라 인공위성을 우주 궤도에 올리기 위한 우주발사체 로켓이라며 강력히 항변하고 있다. 그러다 보니 일각에서는 북한을 비호하는 세력을 중심으로 북한의 광명성 3호가 기상예보와 자원탐사에 필요한 자료 수집을 위한 인공위성일 가능성이 많다며 목소리를 높이고 있다.

그렇다면 그들의 주장대로 북한은 순수한 인공위성을 만들어 발사한 것일까? 북한이 실제로 무엇을 실었는지 확인할 수 없는 상황에서 우리는 어떤 판단을 내려야 할까? 그래서 우리 연구팀은 이 로켓이 과연 위성로켓인지 아니면 미사일 관련 로켓인지를 소리공학적으로 밝혀보기로 했다.

로켓이 위성인지 아니면 미사일인지를 판단할 수 있는 가장 중요한 한 가지 방법은 로켓 발사 당시의 화력을 분석해보는 것이다. 위성이 발사될 때의 1차 폭발력은 폭발가스와 진동으로 인해 지축이 흔들릴 만큼 강력하다. 그 규모는 수백 킬로미터 떨어진 지진계나 수진기geophone로도 잡힐 정도이다. 수진기 자료를 통해 각종 미사일의 1차 규모를 파악하기 위해서는 국내외에서 측정된 정확한 지중음의 원본파형 raw data이 필요했으나, 국가보안 자료이기 때문에 접근이 불가능했다. 대신 대중에게 공개된 지질자원연구원의 지중음

Ⅱ 광명성 3호를
발사하기 위한 로켓인
은하 3호의 모습이다.
광명성 3호는 김일성
생일 100주년인
2012년 4월 13일에
발사되었다.

파 사진 자료를 사용하였다.

먼저 지중음파의 자료를 바탕으로 역으로 폭발음의 파형을 재합성하고, 합성된 파형에서 탄두 용량과 소리성분을 측정해보았다. 그러나 이 방법은 오차가 20퍼센트 이상이어서 정확한 측정이 불가능했다. 그래서 합성된 지중음파 파형에서

로켓의 초기 폭발력을 좀 더 정확히 비교할 수 있도록 1차 추진 시 지중파의 지속 시간을 자료로 사용하였다. 여기에서 말하는 지속 시간이란 발사 때 나타나는 폭발음의 최대 에너지가 그 절반으로 줄어들 때까지 소요되는 시간을 말한다. 분석에는 지역 및 방향별로 배치된 수진기의 파형에서 얻어지는 지속 시간의 평균값을 사용하였다.

우선 우리는 과거에 북한이 발사한 미사일부터 차례로 분석을 실시했다. 먼저 동해안 미사일 기지인 노동에서 지명을 딴 노동 1호는 1998년도에 개발되었는데, 이 미사일은 길이 15.5미터로 사정거리가 평균 1,300킬로미터에 이르며 폭발음의 지속 시간은 0.8초로 나타났다. 이어서 2006년에 발사한 대포동 2호 미사일은 길이 35미터에 평균 사정거리 3,500킬로미터로 알려졌는데 폭발음의 지속 시간은 4.8초였다. 이어서 북한은 2012년 4월 북한 인민 2,000만 명의 1년 치 식량 비용을 들여 만든 은하 3호 로켓에 광명성 3호를 탑재해 동해로 발사했다. 추진 당시의 폭발음 지속 시간을 측정해보니 불과 4.1초로 대포동 2호의 추진력에 못 미치는 규모로 분석되었다. 공식적으로 발표된 바에 따르면 은하 3호의 화력은 100톤 정도였다.

일반적으로 100킬로그램이 넘는 인공위성을 우주 궤도에 올려놓기 위해서는 다단계 추진력도 중요하지만 발사대에서의 1차 추진 시 발생하는 화력 또한 일정 수준 이상이어야 한다. 우리나라의 정보 위성인 나로호는 폭발음의 지속 시간이 7.2초였고, 추진력도 170톤의 규모였다. 1차 및 2차 발사 후 비록 위성궤도에 안착하지는 못했지만, 추진 시 화력은 정상적이었던 것으로 판단된다. 따라서 나로호와 비슷한 규모의 인공위성을 궤도에 안착시키려면 적어도 7초 이상의 지속 시간, 화력 또한 170톤 정도는 되어야 한다는 결론에 도달한다.

노동 1호, 대포동 2호와 마찬가지로 광명성 3호 또한 나로호에 비해 지속 시간과 화력 모두 낮게 측정되었다. 결국 북한이 인공위성이라고 주장했던 광명성 3호가 미사일이라는 사실이 밝혀진 순간이었다.

그날, 과연 누구의
총소리였을까

1974년 8월 15일 '8·15 광복절 기념식'이 열린 서울국립극장 단상에서 현직 대통령의 부인이 총격으로 사망하는 사건이 일어났다. 우리 민족의 경사로운 경축식장에서 육영수 여사가 총에 맞아 사망하는 모습은 현장 생중계를 통해 수많은 사람들에게 보도되었다. 이 사건에서도 소리는 우리에게 많은 정보를 제공해주고 있다. 다만 그동안 사람들이 짐작했던 것과 소리가 알려주는 진실이 다르다는 사실이 아쉽기만 하다. 8·15 경축식장에서는 무슨 일이 있었던 것일까? 소리가 들려주는 대로 사건을 다시 재조명해보려 한다.

　박정희 대통령과 함께 8·15 경축식장에 참석한 육영수 여사는 단상에 앉은 채로 문세광이 쏜 총에 저격당해 사망한 것으로 알려져 왔다. 사건이 발생한 지 30년이 지난 2005년 1월 일부 관련 서류들이 공개되면서 '육영수 여사는 누구의

　　　　　　　　　　　　　　배명진 교수의 소리로 읽는 세상

총탄에 맞았을까?' 하는 의구심이 관심의 대상으로 떠올랐다. 그동안 비밀에 가려졌던 자료들이 공개되어 어느 정도 의문을 해결해주었지만 여전히 명확하게 밝혀지지 않은 내용들이 있었던 것도 사실이다. 그러던 2005년 2월 〈그것이 알고 싶다〉에서 이 사건의 전모를 심도 있게 다루었고, 보다 과학적인 분석을 위해 SBS는 우리에게 총소리에 관한 심층적인 분석을 요청했다.

일반적으로 8·15 경축식장에서는 총성이 7번 울린 것으로 알려져 있지만, 실제로 이날 중계방송에 녹음된 소리를 들어보면 6발인지 또는 8발인지 명확히 알 수 없다. 그래서 방송사에서 소리 분석을 통해 총성이 울린 시간과 횟수를 정확히 밝혀달라고 요청했다. 총소리 분석 결과, 우리는 놀라운 사실을 발견하게 되었고, 좀 더 정확한 결과를 얻기 위해 음성 자료 외에 비디오 자료 분석도 병행했다. 그날 현장에서 녹음된 자료는 다음과 같다.

- CBS: 라디오 중계방송 녹음
- MBC: 중계방송 장면
- KBS: 중계방송 장면
- CBS(미국): 중계방송 장면

이 중에서 연단을 중심으로 총소리가 가장 잘 녹음된 것은

CBS 라디오의 현장 녹음 자료였다. 따라서 우리는 이 자료를 분석하여 연단에서의 거리와 총소리의 종류를 구분하기 시작했다. 총소리가 들리는 시간을 전후한 육영수 여사의 저격 장면은 MBC와 KBS 방송사의 실황 중계 장면을 사용했다.

먼저 박정희 대통령의 연설이 시작되고 나서 얼마 후에 문세광이 허리춤에서 권총을 빼어든다. 그 과정에서 방아쇠를 잘못 당겨 발생한 첫 총성의 시작점을 0.0초, 즉 기준점으로 삼았다. 이후 뛰어나오면서 쏜 두 번째 총성은 6.0초에 울렸다. 세 번째 총소리는 연단으로부터 15미터 거리까지 달려오면서 쏜 총성으로 6.6초에 들렸다. 그다음 네 번째의 총소리는 세 번째 총소리에 묻혀 사람의 귀로는 구분이 어려웠다. 큰 총소리가 들렸을 때, 이어서 작은 총소리가 들리면 큰 소리에 묻혀 작은 소리가 들리지 않는 사운드마스킹sound masking 현상이 발생했기 때문이다. 즉 6.6초에 문세광의 총소리가 들리고 0.3초 후에 작은 총소리가 들렸으나 사람들은 이를 잘 듣지 못했던 것이다.

그렇다면 작게 들린 총소리는 누구의 총에서 난 것일까? 이 네 번째 총소리는 문세광이 세 번째 총알을 발사하고 나서 0.3초가 지난 다음이므로 문세광의 총에서 발사된 소리라고 할 수 없다. 권총에서 총알이 한 발 발사되고 난 후 다음 총알이 장전될 때까지는 최소한 0.3초의 시간이 필요하고, 방아쇠를 당길 때까지는 0.2초가 더 소요되어 총탄이 계속

연사되려면 적어도 0.5초의 시간이 지나야만 가능하다.

문세광이 사용한 총이 특수 제조된 것이라 0.3초 간격으로 연이어 발사하는 것이 가능하다고 가정해보자. 그렇다면 연단의 마이크를 통해 들리는 두 번의 총소리는 거의 같은 세기로 들려야 하지만, 네 번째 총소리가 세 번째 총소리에 묻힐 정도로 작다면 두 총소리는 분명 서로 다른 위치에서 나왔다고 판단할 수밖에 없다. 당시 8·15 경축식장에서 총기를 소지할 수 있거나 혹은 소지한 사람들은 경호원들과 문세광밖에 없었다. 결국 네 번째 총소리는 경호원의 권총에서 발사된 것으로 판단된다.

이 네 번째 총성이 6.91초에 울리고, 7.08초에 육영수 여사가 총격으로 인한 미동을 보이고 있음이 비디오 분석 결과 나타났다. 그동안 전혀 변화를 나타내지 않았던 모습과는 달리 총알의 타격으로 점차 우측으로 쓰러지기 시작한 것이다. 연단과의 거리가 15미터 정도이므로 총알의 평균초속 250미터와 소리의 초속 340미터를 고려하면 총알은 0.02초 후에 단상에 도달한다. 총알이 머리를 관통하고부터 미동을 느끼려면 약 0.15초 정도가 더 걸리므로, 7.08초경 육체의 변동이 관찰되었다면 네 번째 총알에 맞은 것이다.

네 번째 총소리는 세 번째 총소리에 비해 진폭이 약 6데시벨 낮았다. 이 소리는 연단의 마이크를 통해 들리는 총소리이므로 연단을 기준으로 하면 문세광의 위치보다 5~10미터

정도 뒤에서 쏜 것이 된다. 즉 문세광이 연단에서 15미터 정

도 떨어져 있었다면 네 번째 총을 쏜 경호원은 연단에서
20~25미터 거리에 있었고, 육영수 여사가 총에 맞을 수밖에
없던 위치인 문세광의 후방 좌측에서 쏜 것으로 추정된다.

　총소리 순서로 볼 때 세 번째나 다섯 번째 총알이 육 여사
의 머리를 타격한 것인지를 검토해볼 필요가 있다. 세 번째
는 문세광이 쏜 총소리로 6.61초에 연단의 마이크에 총소리
가 잡혔다. 연단과의 거리를 감안할 때 총알은 0.02초 후에
단상에 도달한다. 앞에서 설명한 것처럼 총알이 머리를 관통

하여 미동이 나타나려면 약 0.15초가 더 걸리므로, 6.77초경에 육체적 타격이 관찰되어야 하나 그때까지도 육영수 여사는 아무런 변동이 없는 자세를 유지하고 있었다. 따라서 세 번째 총성에 의해 피격된 것이 아니라는 결과가 얻어졌다.

또한 문세광의 권총에서 총알이 발사되어 연단의 마이크에 다섯 번째 총소리로 잡힌 것은 7.21초경이었다. 총알이 날아와서 머리에 관통되고서 미동이 나타나려면 0.17초가 더 지나야 하므로, 이 경우에 첫 미동은 7.38에 나타나야만 한다. 그런데 당시의 비디오 자료를 분석해보면, 7.38초경 이미 육 여사가 우측으로 상당히 많이 쓰러져 있음을 알 수가 있다. 따라서 육영수 여사는 문세광이 마지막으로 쏜 다섯 번째 총소리에서 발사된 총알에 의해 저격된 것이 아니라는 것이다.

1974년 8월 15일 박정희 대통령을 저격하기 위해 문세광이 쏜 총은 모두 네 발이었고, 나머지 세 발은 경호원들의 총에서 발사되었다. 경호원들이 쏜 총소리는 네 번째, 여섯 번째, 일곱 번째였는데 이들 총소리를 분석한 결과 바로 네 번째로 쏜 총에 의해 육 여사가 사망한 것으로 판단된다. 이 총소리는 관중석에서 뛰어나오면서 총을 쏘고 있는 문세광을 저지하기 위해 문세광의 후방 좌측 5~10미터 거리에 있었던 경호원이 발사한 총소리였다. 결국 육영수 여사는 바로 이 경호원이 쏜 총탄에 의해 사망한 것으로 추정된다.

호신용 기구에서 나오는
소리의 위험성

어두운 골목길이나 외진 곳을 걷다 보면 예기치 않게 위기의 상황에 처할 수 있다. 이때 필요한 것이 호신용 기구들이다. 시장에 나와 있는 호신용 기구들은 종류가 아주 다양한데 그중에서도 사용이 간편하고 휴대하기 쉬운 것들이 인기가 좋다. 특히 소리를 발생시켜 주변 사람들에게 현재의 위기 상황을 알리면서 구조를 요청하는 경보기가 많이 판매되고 있다.

어두운 곳에서 치한이 다가오면 대부분의 사람들은 심리적으로 위축되어 어찌할 바를 모르게 되고 온몸이 경직되면서 목소리도 잘 나오지 않는다. 큰 소리로 "사람 살려!"나 "도와주세요!"라고 해야 할 텐데 도무지 말이 떨어지지 않고, 설사 나오더라도 힘없이 떨리거나 갈라져 발음이 또렷하지 않는다. 그래서 잘 안 나오는 목소리 대신 소리를 내는 호

배명진 교수의 소리로 읽는 세상

신용 경보기를 사용하면 주변 사람에게 위기 상황을 알릴 수 있고 탈출을 시도할 수 있을 거라고 기대한다. 하지만 과연 호신용 경보기가 위기 상황에 도움이 될까? 오히려 상대를 자극시켜 상황을 악화시키는 것은 아닐까?

호신용 경보기에서 나오는 소리는 주변 사람 귀에 잘 들릴 수 있도록 90데시벨 이상의 큰 소리를 발생시킨다. 또 쉽게 사용할 수 있도록 핀을 당기거나 단추를 누르게 되어 있다. 주파수도 사람 귀에 잘 들릴 수 있는 2,000~4,000헤르츠 사이의 톤을 사용하며 우리 귀에 좀 더 자극을 주기 위해 음높이가 반복적으로 변하는 사이렌 톤을 이용한다.

그런데 만약 이런 경보음이 발생했을 때 주변 사람들은 과연 그 소리를 구조 신호로 알아듣고 빨리 도와줄 수 있을까? 실제로 호신용 경보기를 작동시켰을 때, 소리가 너무 커서 고막이 찢어지는 듯한 큰 고통을 느끼거나 소리가 너무 잘 들려서 두려움을 느끼는 것은 바로 위기 상황에 처한 피해자 본인이다. 경보기의 소리가 큰 건 사실이지만, 음높이가 높기 때문에 가볍게 느껴질 뿐만 아니라 저음이 없어서 소리의 무게감이나 안정감이 없다. 또한 멀리 퍼지지도 않아 주변 사람들에게 잘 들리지 않는다. 즉 '삐리릭~'거리는 경보기의 사이렌 소리는 피해자의 주변에만 머물러 그 소리에 놀라고 더 겁먹고 두려움에 떠는 것은 구조 요청자 본인이다. 수십 미터 밖에서 듣는 주변 사람들은 그저 누군가 게임기로 오락을 하고 있는 소리 정도로 인식할 뿐이다.

그렇다면 위기에 처한 사람이 자신의 목소리를 내어 스스로 위기를 극복할 수는 없을까? 사람은 위기에 처하면 겁에 질려 목소리가 가늘어지고 갈라지면서 떨림이 나타난다. 이러한 목소리로 입을 크게 벌리면서 살려 달라고 애원하면, 평소보다 2~3옥타브(기본 주파수의 3~5배) 정도 더 올라가 고음이 되고 가늘어지며 가벼워진다. 물론 이때도 경보기 소리처럼 범인이나 피해자 주변만 맴돌게 되고, 수십 미터 밖에서는 비명소리가 잘 들리지 않는다.

비명소리에 대한 청각인지도를 보다 자세히 알아보기 위해 우리는 여성의 비명소리를 스피커로 일정하게 나오게 하면서 거리별로 청각인지 실험을 해보았다. 스피커 가까이에서는 최대 105데시벨로 측정되었으며, 10미터 거리에서는 89데시벨 정도로 알아들을 수 있었다. 그러나 10미터 떨어진 거리에서는 소리 크기가 75데시벨로 낮아지면서 그냥 멀리서 누군가 다투고 있는 정도의 소리로만 들릴 뿐이었다. 탁자에 마주앉아서는 조금만 큰 소리로 이야기해도 85데시벨이 넘지만 비명소리는 10미터 이상 떨어지면 상황의 위급함을 거의 전달할 수가 없는 것이다.

특히 외지고 닫힌 공간에서 피해자가 비명을 지르면, 가해자는 그 빈약한 비명소리에 더 자신감을 얻게 되고, 상대방을 완전히 제압했다는 오판을 한다. 그러면서 상황을 빠르게

‖ 시중에 판매되고
있는 다양한 호신용
경보기들.

마무리하기 위해 피해자의 입이나 신체 부위에 폭행을 가한
다. 즉 가늘면서 가성인 비명소리는 피해자가 상황을 극복하
는 데 오히려 더 큰 피해를 불러일으킬 수 있다.

이러한 위기 상황에서 벗어나기 위해서는 피해자가 좀 더
냉정해질 필요가 있고 차분하게 대처해야만 한다. 가늘고 높
은 비명은 가해자를 더 자극할 수 있다는 사실을 염두에 두
고, 주변의 도움을 청하기 어렵다면 차라리 차분한 저음으로
가해자와 대화를 시도하여 분위기를 바꾸려는 노력이 필요
하다. 어떤 이유 때문에 이런 행동을 하는지, 그리고 가해의
결말이 어떻게 될지 등에 대해 차근차근 이야기하면서 위기

상황을 안정된 상태로 이끌어가는 지혜가 필요하다.

　사람의 마음에 안정감을 주는 목소리는 중저음의 톤이다. 따라서 평상시의 속도로 부드럽게 말을 하면서 차분한 저음을 들려주면 상대방은 점차 안정되어 본심을 찾게 되고 따라서 최악의 상황으로 치닫는 것을 방지할 수 있을 것이다. 물론 위기 상황에서 이러한 대처가 쉽지는 않다. 하지만 호신용 기구의 사이렌 소리나 겁에 질린 비명은 결코 도움이 되지 않는다는 사실을 명심해야 한다.

5

사람에게는
없는 소리, 악기소리

악기에는 여러 가지가 있다. 소리를 만들어내는 방법에 따라 건반악기, 관악기, 현악기, 타악기로 분류되지만 음악 장르에 따라서는 리듬악기, 선율악기, 화성악기가 있고 서양악기와 민속악기가 있다. 악기학상 분류에 따르면 스스로가 지닌 소재의 탄성에 의해 진동하는 체명악기, 몸통에 씌운 막이 진동하면서 소리를 내는 막명악기, 매어진 현이 진동원이 되는 현명악기, 기체가 진동원이 되는 기명악기, 전기적인 발진으로 진동을 만들어내는 전명악기 등으로도 나뉜다. 이처럼 수많은 종류의 악기들은 사람이 내지 못하는 소리들을 다양하게 만들어낸다. 관악기의 경우 금관악기와 목관악기가 서로 다른 소리를 만들어내고 금관악기에서도 호른과 트럼펫, 트럼본이 서로 다른 소리를 낸다. 악기들의 소리는 어떻게 만들어지는 것일까? 여기에서는 다양한 악기들에 담긴 소리 이야기를 들어보려 한다.

명품 바이올린 vs. 일반 바이올린

바이올린 연주자들은 스트라디바리우스Stradivarius나 과르네리Guarnieri 같은 명품악기로 연주해보는 것이 꿈이라 한다. 명품악기로 연주하면 음량이 더 풍부하고 선율이 고우며, 음색이 안정적이어서 연주가 아주 자연스러워진다고 한다. 하지만 악기 비용이 수십억 원을 호가하기에 명품악기를 만지는 것조차 부담스러울 정도이다. 과연 명품악기의 소리에는 그만한 가치가 있는 것일까?

　우리는 1745년산 스트라디바리우스 바이올린과 2003년 스트라디 공방에서 제작한 바이올린, 두 개의 바이올린 소리를 분석해보기로 했다. 먼저 음폭을 비교했다. 바이올린은 현악기 중에서 여성의 울음소리 톤과 비슷한 악기로 기본음이 500헤르츠 이상인 고음 악기에 속한다. 여기서 기본음의 배음구조는 소리의 음폭을 나타내는 기준으로, 음폭이 넓으면 선율이 맑고 쾌활하게 들린다. 2003년도에 제작된 바이올린은 배음구조가 8,000헤르츠까지 유지된 반면, 1745년산 바이올린은 그 2배 이상 넓게 나타나고 있었다.

다음은 바이올린 기본 톤의 평균 음폭을 측정했다. 연주 시, 기본음의 음폭 평균이 넓다는 것은 발생하지 말아야 할 복합음이 나오고 있음을 의미한다. 결과적으로 바이올린의 소리가 선명하지 못하고 둔탁하게 들린다. 스트라디바리우스의 기본음이 갖는 음폭은 최근 제작된 바이올린과 비교했을 때 0.7배 정도로 좁고 안정적이었다.

바이올린 활의 위치를 변화시켰을 때 느껴지는 음정의 안정성과 자연스러움도 분석했다. 일반적으로 활의 위치를 바꿔가면서 음계를 표현할 수 있어야 연주가 가능한데, 활의 위치와 음정을 변화시킬 때 음 이탈이 발생하는가를 측정했다. 역시 스트라디바리우스는 음계의 변화가 있을 때에도 반음이나 복합음이 발생하지 않았다. 반면 2003년산은 음정이 변화할 때 나타나지 않아야 할 복합음들이 많이 발생했고, 음높이별로 서로 다른 음도 나타났다.

명품 바이올린은 음계별로 배음구조 또한 뚜렷하고 간격이 균일했다. 이것은 음계별로 소리의 선명도나 안정성이 유지되고, 어떤 음계로 활을 켠다 하더라도 일정하고 맑게 연주된다는 의미이다. 반면 최근 제작된 바이올린은 음계별로 배음구조가 균일하지 않으며, 특정 음계에서는 배음의 구조

가 홀수에만 나타나는 등의 왜곡이 발생하고 있었다.

이처럼 음높이의 균일성, 안정성, 자연성 등의 관점에서 볼 때, 일반 바이올린에 비해 1745년에 제작된 명품 스트라디바리우스는 아주 탁월한 수준의 소리 분석 결과를 보여주었다. 그 이유를 살펴보면, 바이올린 제작에는 나무로 만들어진 밑판의 재질이 아주 중요하다고 한다. 바이올린의 활이 줄(현)을 스치면 그 현의 길이와 탄력에 따르는 고유한 진동수가 소리를 만들어내고, 이 소리가 바이올린의 밑판으로 전달되면서 통을 울려 소리의 크기와 음폭을 결정짓는다. 따라

‖ 풍부한 선율과 안정적인 음색으로 명품악기라 불리는 스트라디바리우스

서 바이올린의 밑판은 소리의 선명도와 안정성을 유지하는 데 매우 중요하다.

세계 3대 바이올린으로 알려져 있는 스트라디바리우스, 과르네리, 과다니니는 모두 1700~1800년 사이에 이탈리아 북부 크레모나 지역에서 장인들에 의해 제작되었다. 당시 유럽 지역은 100년이 넘는 기간 동안 아주 추웠었는데 이때 자란 나무들은 나이테가 조밀하고 균일하여 악기로 제작했을 때 아주 좋은 소리를 낼 수 있었다고 한다.

과학 기술은 과거에 비해 훨씬 좋아졌지만 아직 350년 전에 만들어진 스트라디바리우스보다 더 좋은 소리의 바이올린은 아직 나오지 않고 있다. 많은 사람을 감동시키는 소리를 만들기 위해서는 장인의 기술과 함께 자연의 도움이 꼭 필요하다는 것을 새삼 느끼게 된다. 우리나라에서도 언젠가는 스트라디바리우스에 버금가는 명품악기가 만들어지기를 기대해본다.

부부젤라,
소음인가 응원인가

2010년 남아프리카공화국에서 월드컵이 진행되고 있을 때의 일이다. 생방송을 통해 경기장 분위기가 전해지면서 서울에서도 응원 열기가 뜨겁게 달아오르고 있었다. 그런데 그때 방송을 통해 아주 불쾌한 소리가 들려오기 시작했는데 바로 '떼~ 떼~' 하는 부부젤라의 소리였다. 부부젤라는 남아공의 민속 응원도구의 하나로 길이가 50~150센티미터 정도인 나팔모양의 관악기이다.

부부젤라는 마우스피스를 통해 기본음(200~250헤르츠)을 만들고, 구멍이 뚫리지 않은 긴 나팔관에서 공명을 일으키기 때문에 아주 단순한 소리가 발생한다. 관의 길이에 따라 공명음이 결정되기 때문에 20개 이상의 배음이 나타나서 약 2,500헤르츠까지 넓은 음폭의 소리성분을 가지고 있다. 부부젤라 소리에 사람들이 괴로워하는 이유는 나팔을 불 때 음높이의 변화 없이 정해진 음계의 소리만 계속 나오고, 또한 사람의 청각에 아주 민감하게 작용하기 때문이다.

부부젤라는 소리의 크기에도 문제가 있다. 나팔관 앞에서는 130데시벨 정도로 소리가 큰데 이것은 제트기 이착륙 시에 듣게 되는 아주 큰 소음이다. 축구장 관중들은 자신을 포위한 부부젤라의 나팔관에서 들리는 '뿌우~ 삐이~' 하는 소리를 30분 이상 듣게 된다. 그러면 청력에 자극을 받아 소음성난청을 유발하게 되므로 귀마개를 반드시 준비해야만 한다. 설령 귀마개를 했다 해도 귀마개 사이로 새어 들어오는 소리까지 막을 수 없어 큰 고통을 받는다.

부부젤라의 소리는 진폭도 크고 음폭 또한 사람 귀에 민감한 대역이어서 아주 자극적이다. 게다가 리듬감도 없고 음도 제각각이다. 부는 사람의 연주 실력과 폐활량에 따라 '뿌~ 삐삐~ 삐~' 하고 관중의 틈에서 제각각 불어대면 응원소리의 혼연일체감은 조성되기 힘들다. 단순히 나팔소리를 통해 자신의 스트레스를 배출하는 만족감에서 계속 불고 또 불게 된다. 그래서 부부젤라의 소리는 리듬감이 없는 자극적인 소음으로 들린다.

그렇다면 부부젤라 소리를 멀리서 계속 듣는 선수들은 과연 어떤 영향을 받을까? 경기를 뛰는 선수들의 각자 위치에서나 또는 축구 중계를 하는 아나운서 마이크 위치에서는 주위에 운집되어 수천 명이 부는 부부젤라 소리가 백색소음의

효과를 나타낸다. 벌떼들이 먹이를 공격할 때 내는 소리와 같은 '떼~ 떼~' 하는 소리로 들리는 것이다. 소리 스펙트럼을 분석하면 부부젤라의 소리공명 특성이 수천 마리 벌떼의 날갯짓에서 들리는 소리의 특성과 1,000헤르츠까지 일치한다. 그래서 멀리서 들리는 수천 개의 부부젤라 소리는 마치 벌떼의 소리처럼 들린다.

처음 그 소리가 들리면 선수들은 놀라고 불안해하지만, 잠시 후 적응이 되면 의미 없는 소리가 되고, 오히려 자신을 응원하는 관객들이 많다는 격려의 소리로 받아들여져 경기에 더 열중할 수 있다. 반면 화면을 보면서 축구 경기의 흐름을 즐겨야 하는 시청자의 입장에서는 이러한 부부젤라의 소리가 신경 쓰이고 소음으로 느껴져 가급적 소리 음량을 낮춰서 들는다.

2002년 대한민국 월드컵에서 외국인들은 우리나라의 전통 응원도구인 북과 꽹과리 소리를 잘 이해하지 못했다. "대~한민국"이라고 소리치면서 '두둥둥' 북소리와 함께 거리로 쏟아져 나오는 붉은악마의 열기를 잘 이해하지 못했던 것이다. 지금은 반대로 우리가 남아공의 민속악기인 부부젤라의 나팔소리를 소음으로 여기는 상황이 되었다. 무엇보다도 확실한 것은 나라마다 민속악기를 사용하는 응원은 공식적으로 억제하거나 제한할 수는 없다는 것이다. 악기 사용을 제한하는 것보다는 IT 강국의 기술력을 보유한 나라답게 앞선 기술을 사용해 중계방송 중에는 부부젤라의 소음을 제거해 주는 것이 훨씬 효과적이다.

배명진 교수의 소리로 읽는 세상

마음을 끌어당기는
핸드벨 소리

성탄절이 가까워지면 어김없이 등장하는 자선냄비와 핸드벨 소리. 그 핸드벨 소리에 이끌려 자선냄비에 손길을 내민 경험은 누구나 한 번쯤 있을 것이다. 핸드벨 소리는 멀리 있어도 잘 들릴 뿐 아니라 그 소리 또한 아주 상쾌하다. 핸드벨을 흔들면 여러 가지 소리가 난다. 먼저 종을 흔들 때 철편이 종편을 치면서 나는 '쨍쨍'거리는 소리는, 종소리의 배음을 구성하는 6~20킬로헤르츠kHz의 넓은 음역을 갖는다. 그리고 핸드벨의 기본음을 구성하는 '땡' 하는 소리는 3~4킬로헤르츠의 단순음pure tone이다. 이외에도 철편이 종편을 치고 나서 종편 위를 구를 때 나는 '그렁~' 하는 소리의 기본음과 배음들도 함께 어우러져 들린다.

사실 6킬로헤르츠 이상의 고음은 우리가 평상시에 잘 듣거나 느낄 수 없다. 주변에서 이러한 소리가 들리면 우리 귀의 청각신경은 새로운 감각을 느끼고, 소리의 진폭에 따라 신경세포들이 음압변동을 느끼면서 넓은 음폭으로 골고루 자극을 받을 수 있기 때문에 시원하고 쾌활한 기분을 느낄 수 있다.

핸드벨 소리에서는 3~4킬로헤르츠의 순음이 두드러진다. 이 소리는 철편이 종편을 칠 때 나는 기본음으로 우리 귀에 잘 들린다. 핸드벨에서 나는 소리들 중 우리 귀에 아주 자극적인 3~4킬로헤르츠 사이의 기본음만 들린다면 이는 버스카드 인식기에서 나오는 소리처럼 많이 들으면 짜증스러워질 수 있다. 그러나 핸드벨의 경우 철편이 종편에서 구를 때 나는 5~6킬로헤르츠의 기본음과 그 배음들(6~20킬로헤르츠)이 함께 화음을 이루면서 복합음을 만든다. 더불어 이러한 배음들은 고주파음의 조합으로 이루어져 있기 때문에 들을 때 아주 시원하고 쾌활하게 느껴진다.

특히 핸드벨은 부피와 무게감이 있기 때문에 빨리 흔들 수가 없다. 따라서 약 1.5초의 주기로 천천히 여유 있게 흔들게 되고 이 속도에 따라 흘러나오는 소리를 들으면 리듬감이 생기면서 우리 마음속에도 여유가 찾아온다. 그리고 이 여유와 함께 나보다 못한 처지에 있는 사람들의 어려움을 생각해보게 만든다. 즉 멀리서 들리는 핸드벨의 작은 소리도 우리 귀에는 잘 들리게 되고 소리성분이 단순음이라 아주 자극적이지만, 그 배음들의 조합에 의해 쾌활함이 어우러지게 된

배명진 교수의 소리로 읽는 세상

‖ 핸드벨 소리는 맑고 쾌활하여 사람들의 마음을 움직일 뿐만 아니라 우울증에도 효과적이다.

다. 동시에 1.5초 주기의 소리를 들으면서 느긋한 여유로움까지도 맛볼 수 있다.

초고주파음은 일상생활에서도 어렵지 않게 들을 수 있다. 전통시장에서 들리는 엿가락 장단은 이가 맞지 않은 경쾌한 가위질 소리를 이용해 장터 사람들을 불러 모은다. 가위질할 때 나오는 여러 소리 성분 중에서도 6~8킬로헤르츠의 사각거리는 소리성분이 바로 고주파음이다. 고주파음은 듣는 사람들에게 평소와는 다른 소리로 맑고 상쾌한 기분을 느끼게 해주므로 외국에서는 우울증 환자 치료용으로 사용되기도 한다.

이번 겨울에도 구세군의 냄비와 함께 핸드벨 소리가 우리를 맞이할 것이다. 그 쾌활한 소리와 여유 있는 리듬을 우리

‖ 엿가락 장단의 가위질 소리에도 경쾌한 고주파음이 포함되어 있다.

모두 몸과 마음으로 느끼면서 작은 정성으로 이웃을 돕는 행복까지 맛볼 수 있기를 기대해본다.

천지인의 소리,
사물놀이

외국에서는 핸드벨과 같은 고주파음을 이용해 우울증이나
지적장애로 고통받고 있는 환자들에게 치료 목적으로 활용
하고 있다. 우울증 환자들에게 평소에 잘 듣지 못하는 고주
파음을 들려주어 청감을 시원하고 쾌활하게 만들어 우울한
기분을 해소시켜준다. 청감의 변동을 통해 활동성을 주려는
의도인 것이다. 이처럼 소리는 커다란 치유의 힘을 가지고
있다. 핸드벨 소리가 인간적인 소리라서 매력적이라면 우리
의 전통놀이인 사물놀이는 '신을 부르는 소리'라 할 만한 놀
라운 매력을 지닌 소리 집합체이다.

사물놀이란 말 그대로 네 가지 전통 타악기들이 모여서 장
단을 맞추어 한바탕 놀이마당을 펼치는 연주이다. 사물 악기
들을 모아놓고 분석해보면 귀로 들을 수 있는 소리의 음역을
모두 커버하는 소리 한마당이 된다. 사물놀이 소리에는 음과

양이 한 몸처럼 어우러져 있는데, 사물놀이를 접한 세계의

II 사물놀이 공연 장면.

많은 사람들이 '신을 부르는 소리'라고 격찬하는 이유도 바로 여기에 있다. 눌러주고 받쳐주는 소리의 음양, 그 화합이 적절하게 긴장과 이완을 반복하면서 어우러진다.

　　사물놀이에는 과학적인 소리의 비밀이 몇 가지 숨겨져 있다. 먼저 사물놀이는 천지인을 뒤흔들며 우주만물을 자극하는 소리이다. 징과 장구의 장단은 중년 남성과 여성의 목소리가 갖는 기본 진동수와 비슷하게 나타나 지극히 인간적이라 할 수 있다. 즉 징의 기본 진동수(140헤르츠)는 중년 남성의 목소리와 비슷하며 장구의 기본 진동수(250헤르츠)는 중년 여성의 목소리와 비슷하다. 꽹과리는 높은 진동수(1,100헤르츠)를 가지고 있어 하늘 높이 날아갈 수 있는 하늘의 소리이며, 북은 땅속으로 잘 전달되는 낮은 진동수(80헤르츠)를 가진 땅의 소리이다.

다음으로 사물놀이 공연에서는 꽹과리 소리를 들음으로써 느끼게 되는 극도의 긴장감을 북소리의 썰렁함으로 끌어내리고 있음을 볼 수 있다. 높은 꽹과리 소리와 낮은 북소리는 상반된 고저의 진동수로 하늘과 땅의 양극을 이루게 된다.

사물놀이 한마당에서 들을 수 있는 소리를 주파수별로 나누어 색깔로 나타내면 빨강, 노랑, 초록, 보라색으로 그려져 한 폭의 그림처럼 아름다운 조화를 이룬다. 이것은 우리가 무지개 색깔을 빛의 주파수로 나타낼 때 저주파수에서부터 높은 쪽으로 빨강, 주황, 노랑, 초록, 파랑, 남색, 보라색으로 표현되는 것과 같은 원리이다. 즉 북소리는 빨강으로, 징소리는 노랑으로, 장구소리는 초록으로, 꽹과리소리는 보라색으로 나타난다. 따라서 사람의 귀로 들을 수 있는 소리의 주파수 특성이라는 측면에서 살펴보면, 사물놀이는 사람이 귀로 들을 수 있는 모든 소리를 다 포함하고 있어 그 조화가 아주 뛰어나다.

사물놀이는 귀로만 듣는 것이 아니라 몸으로도 느낄 수 있다. '징을 치면 장이 좋아진다'라는 속설이 있다. 징에서 들리는 소리가 인간의 장기 안에서 공명을 유발하여 건강에 좋은 자극제 역할을 하기 때문이다. 징이나 북소리는 저음이라서 귀가 아닌 가슴이나 몸, 머리로 진동을 느껴 촉감으로도 소리를 들을 수 있다. 징소리가 나는 근방에서는 소리공명의 강력한 힘(100데시벨 이상)을 진동으로 느끼게 되고 징의 고유한 공명 주파수에 의해 신체 장기에도 자극을 주게 된다.

이처럼 사물놀이는 사람의 귀로 들리는 소리와 함께 우리 몸 안에서도 공명을 일으켜 더 풍부한 소리로 느낄 수 있다. 네 가지 악기의 소리가 완벽하게 조화를 이루고 있는 천지인의 소리, 사물놀이는 우리 민족의 지혜와 숨결이 살아 숨 쉬는 신비의 소리라 할 수 있다.

우리 몸도
악기가 될 수 있다

군이 악기를 멀리서 찾아야 할까? 놀랍게도 다양한 도구를 활용해 악기를 만들지 않아도 우리 몸을 악기 삼아 소리를 낼 수 있다. 우리 몸은 70퍼센트 이상이 수분으로 이루어져 있고 여기에 전류가 잘 통하는 염분이 포함되어 있다. 따라서 이 특성을 잘 활용하면 내 몸을 악기로 만들 수 있다. 인체에 무해한 미세한 전류가 흐르는 금속 봉을 통해 인체에 전류를 흘려보내고, 닿는 신체 부위의 면적이나 압력에 따라 전류의 변화를 측정하여 이를 음계로 들려주는 아주 간단한 장치를 통해 내 몸이 악기가 될 수 있는 것이다.

물론 몸이 낼 수 있는 소리는 단순한 음에 불과하다. 다만 연주자가 특정 신체 부위에 손을 대거나 잡으면서 그에 해당하는 소리의 음정을 들을 수 있고, 이때 음높이를 연주자 스스로가 음감을 찾아 맞추면서 연주해야 한다. 따라서 현악기처럼 연주자 스스로가 음계를 잡아 연주하는, 악기를 잘 다루는 사람이라면 온몸을 이용한 악기 또한 일반인들보다 더 잘 연주할 수 있게 된다. 어쨌거나 온몸의 모든 부분이 악기의 건반이나 현으로 사용될 수 있으니 그야말로 온몸으로 노래를 부를 수 있다 해도 과언이 아니다.

사람의 몸뿐만 아니라 전류가 흐를 수 있는 소재는 모두 악기가 될 수 있다. 그중에서도 배추, 무, 오이, 양파 등의 채소나 참외, 수박, 바나나 등의 과일, 그리고 공과 같은 동그란 모양의 물체 등 일상의 온갖 물건들이 악기 건반의 역할을 할 수 있다.

우리 연구팀은 소리공학연구소 오케스트라를 결성하여 SBS 〈놀라운 대회 스타킹〉에 출연했다. 채소와 과일, 그리고 온몸을 악기 삼아 음악을 연주했다. 간단한 음계 전환 전류 장치 하나만 들고 내 몸을 구석구석 만져가며 세상에서 볼 수 없었던 방법으로 연주를 하는 모습이 방송되자, 시청자들은 사람의 신체가 악기 건반처럼 사용될 수 있다는 사실에 놀라 호평을 해주었다.

최근에는 유튜브나 외신에서도 이런 비슷한 악기를 연주하는 동영상들이 자주 올라오고 있다. 전기가 흐르는 페인트를 사용하여 바닥에 음표를 그려놓고 연주자가 그림의 음표를 하나씩 밟으면서, 또는 음표를 밟고 서 있는 사람들의 손을 잡거나 손뼉을 치면서 입체적으로 연주를 하는 모습이다.

‖ 사람의 몸을 비롯한
모든 채소와 과일은
악기가 될 수 있다.

2부 · 소리가 들려주는 세상 이야기

이는 전류가 통하는 페인트를 발로 밟고 서 있으면 역시 전류가 신체를 통해 전달된다는 원리이므로 앞에서 설명한 온몸 연주와 유사하다.

소리는 발성 기관이나 악기에서만 나오는 것이 아니다. 과학적인 기술에 창의적인 상상력을 더하면 우리의 몸도, 건강에 좋거나 맛있어서 먹으려던 채소나 과일도 멋진 악기가 되어 흥겨운 노랫소리를 만들어낼 수 있다. 이처럼 소리의 세계는 무궁무진하다. 여러분의 상상력이 또 어떤 새로운 소리를 만들어낼지 기대해본다.

특별한 발성의 산물,
인간의 소리

인간은 특별한 존재이다. 특히 소리의 측면에서 보면 인간은 소리를 단순하게 발성하는 데 만족하지 않고 이를 특정한 의미와 연결시킴으로써 언어로 발전시킨 능력 있는 존재이다. 이를 가능하게 만든 것은 인간에게 잘 발달된 발성 기관이 있기 때문이다. 사람은 발성 기관을 최대한 활용함으로써 자신의 감정과 의사를 표현할 수 있는 언어를 창조해냈고 이를 통해 다른 사람과 효율적으로 의사소통을 할 수 있게 된 것이다. 언어 능력은 인간만이 가지고 있는 것이며 부모에게서 천부적으로 물려받음과 동시에 사람들 사이에서 함께 지냄으로써 발전되는 능력이기도 하다. 이번에는 사람이 만들어내는 소리인 말소리를 살펴보며 우리가 일상생활에서 항상 사용하는 우리의 말소리에 어떤 비밀과 원리가 숨어 있는지 파헤쳐보겠다.

주파수가
다르다고요

혼히 '주파수가 맞는 대화'라는 말이 있다. 같은 언어를 사용하는 사람들 사이에서도 의사소통을 잘하려면 무엇보다도 말하고자 하는 내용에 대한 공감대가 먼저 형성되어야 한다는 뜻이다. 외국어를 잘하기 위해서도 '주파수가 맞아야 한다'고 주장하는 사람들이 있다. 이들의 주장에 의하면 일본어는 1,500헤르츠, 한국어는 1,800헤르츠, 중국어는 2,600헤르츠, 영어는 3,000헤르츠의 주파수 영역을 주로 사용한다고 한다. 따라서 영어를 잘하려면 한국어보다는 훨씬 고주파라고 할 수 있는 3,000헤르츠 영역대의 음에 익숙해져야 한다. 이를 위해 고주파의 소리를 많이 듣는 것이 좋으며 음의 높낮이와 강약, 리듬에 대한 적응과 연습이 필요하다고 말한다.

과연 언어마다 다른 주파수를 사용하는 것일까? 일반적으로 주파수란 음파의 진동수를 말하며 단위는 헤르츠를 사용한다. 즉 같은 모양을 가진 음파의 진동이 주기적으로 반복될 때 1초에 한 번의 진동주기는 1헤르츠가 되는 것이다. 말소리의 경우에는 음의 높이가 주파수라고 할 수 있으며 음높이가 높을수록 주파수가 커진다.

그런데 말소리에는 하나의 음파 파형만 있는 것이 아니라 여러 개의 포먼트formant, 즉 배음들이 만들어진다. 이 포먼트는 상당히 넓은 영역에 걸쳐 형성된다. 특히 모음의 경우에는 각 포먼트의 위치와 형태에 따라 서로 다른 음을 낸다. 또한 주파수는 사람의 목 길이, 후두의 모양, 그리고 입안에서의 울림 정도에 따라 차이를 보인다. 주로 어린아이와 어른 사이, 말을 할 때와 노래를 부를 때 차이가 발생할 수 있다.

하지만 언어마다 주파수가 다르다고 단정하는 것은 무리가 있다. 이미 언급했듯이 사람이 들을 수 있는 소리의 주파수는 대략 20~20,000헤르츠이며, 우리가 의사소통을 위해 사용하는 말소리 또한 특정한 영역이 아닌 넓은 영역에 걸쳐 상황에 따라 분포한다. 게다가 어느 언어이든 모음뿐만 아니라 욕설을 사용할 때 나오는 치찰음(혀끝과 잇몸의 뒷부분이 좁아져서 나는 소리)도 대부분 비슷한 고주파수를 갖고 있다. 게다가 일정한 시간에 걸쳐 말하는 동안 발생하는 주파수의 평균을 내보면 언어나 성별, 그리고 나이에 따라 그 차이가

배명진 교수의 소리로 읽는 세상

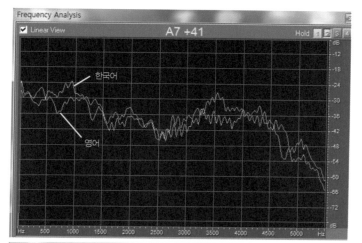

한국어

영어

‖ 다른 언어(위)나 남녀노소별(아래)로 장시간 동안 분석하여 이를 평균하면 소리의 스펙트럼 분포가 비슷해진다.

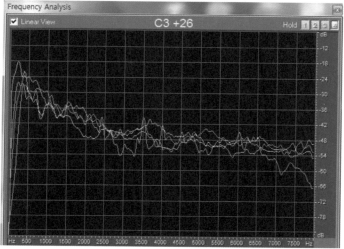

크지 않다는 것을 알 수 있다.

한국어와 영어가 차이를 보이는 것은 사용하는 주파수가 다르기 때문이 아니라 소리 체계, 특히 소리를 의미와 연결할 때 필수적으로 작용하는 요소들이 서로 다르기 때문이라고 할 수 있다. 그러므로 고주파의 소리를 많이 들어야 영어를 더 잘한다고 말하기보다는 한국어와는 다른 영어의 소리 체계에 대한 이해를 높이는 것이 우선되어야 한다.

영어와 한국어 사이에 몇 가지 중요한 차이를 살펴보자. 먼저 한국어는 음절박자 언어인데 반해 영어는 강세박자 언어이다. 즉 한국어는 한 문장 안에, 혹은 한 단어 안에 음절이 몇 개 들어 있는가에 따라 단어를 발화하는 시간이 결정되지만 영어는 한 문장이나 한 단어 안에 강세가 몇 번 들어가는가에 따라 발화 시간이 결정된다. 다음의 예에서 보듯이 강세의 숫자가 똑같은 다음의 문장들은 음절 개수와 상관없이 3개의 강박자로 거의 동일한 시간 내에 발화된다.

People	plant	trees.
The people	are planting	trees.
The people	have planted	some trees.
The people	should have planted	some more trees.

발화 시간 외에도 강세가 있는 모음은 높게, 강하게, 그리

고 길게 발음이 되는 특성이 있으므로 영어의 강세는 발화 시간뿐만 아니라 음의 높낮이와 강약을 결정한다. 한편 강세 가 없는 모음은 낮고 작고 약하게 발음되므로 우리 귀에 잘 들리지 않아 이 또한 비모국어 화자에게는 청취하는 데 불리 한 요소로 작용하기도 한다.

두 번째 차이는 소리의 의미 연결 체계이다. 가령 'ㅂ, ㅃ, ㅍ'이라는 자음은 한국어에도 있고 영어에도 있다. '발, 빨, 팔'에서 볼 수 있듯이 각각의 소리가 서로 다른 의미를 갖는 한국어와 달리, 영어에서는 'p'라는 음이 그 위치에 따라서 'sip, special, pine'처럼 예측 가능한 방법으로 발음이 달라 지는 것일 뿐 특별한 의미의 차이는 없다. 즉 소리와 의미의 연결 체계가 각 언어마다 다른 것이다.

그 외에도 한국어에는 자음을 발음할 때 성문 진동 여부가 음의 위치(일반적으로 모음 사이에 올 때 성대가 진동한다)에 따라서 자동적으로 결정된다. 그러나 영어는 위치와 상관없이 성문의 진동 여부에 따라 유성음과 무성음이 미리 결정된다. 이에 따라 각각의 음이 전달하는 의미가 달라진다. 반면 한 국어에는 유성음과 무성음의 차이보다는 같은 무성음 안에 서 기식음인지의 여부가 더 중요하다. 즉 언어에 따라 소리 의 구체적인 성질이나 의미를 결정하는 환경은 모두 다를 수 있다는 것이다.

이밖에도 많은 차이점이 한국어와 영어 사이에 존재한다.

이는 다른 문화 안에서 만들어진 너무나 다른 언어이기 때문이다. 결국 한국어와 영어 사이에 주파수가 맞는 대화를 위해서 필요한 것은 소리가 발생하는 영역대의 물리적인 주파수를 찾아내는 것이 아니다. 바로 서로의 문화를 이해하고 그 사회 안에서 독특하게 만들어진 표현을 이해하는 일, 즉 같은 방향을 바라보며 같은 대상에 대해 대화를 나눌 수 있는 일종의 감성 주파수가 맞는 언어 능력이지 않을까 생각해 본다.

듣고 싶은 대로
들리는 소리

말소리에는 두 가지 측면이 있다. 내가 말하기도 하지만 다른 사람이 하는 말을 듣기도 한다. 말할 때는 내가 편한 대로만 말하는 것보다 다른 사람이 잘 들을 수 있게 말하려는 노력과, 들을 때는 내가 편한 대로만 듣기보다는 다른 사람이 하고자 하는 말이 무엇인지 잘 들으려는 노력이 필요하다. 그러나 실제로는 내가 말하고 싶은 대로 말하고 듣고 싶은 대로 듣는 것이 우리의 모습이다.

　가끔 다른 사람이 하는 말을 잘못 알아들어 우여곡절을 겪는 경우가 있다. 이는 개인 간의 관계 외에 공중파 방송에서도 종종 일어난다. 얼마 전에도 어떤 가수가 방송에서 비속어를 썼다는 소식에 누리꾼들의 설왕설래가 많았지만 결국 빠른 속도로 말을 한 탓에 잘못 들린 결과로 밝혀지면서 오해가 풀렸던 사례도 있었다.

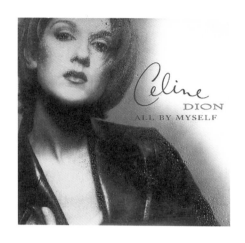

‖ 셀린 디온이 부른
〈All By Myself〉는
'오빠 만세'로 들린다.
사전 학습 후 비슷한
말을 들려주면 실제로
다른 말이어도 사전
학습한 말로 들린다.

　이는 말하는 사람의 발음이 불명확한 경우, 듣는 사람은
자신의 경험과 판단에 입각하여 소리를 해석하기 때문이다.
가령 10세 미만의 어린이에게 "어버지가 집에 들어오셨다"
라고 말을 해주고 따라 하라고 하면 어린이는 들은 그대로
'어버지'라고 한다. 그러나 청소년이나 어른들은 자연스럽게
'아버지'로 들었다고 생각하고 "아버지가 집에 들어오셨다"
고 말하는 것을 볼 수 있다. 나이가 들면서 자신의 경험이 축
적됨에 따라 귀로 들은 대로의 소리보다 머리에 넣어놓은 자
신의 판단이 앞서게 되는 것이다.

　이와 같은 사전 학습에 의한 각인 효과는 여러 가지 재미
있는 현상과 연결되어 사람의 주목을 끌고 있다. 앞에서 설
명했던 것처럼 그저 평범한 닭의 울음소리도 학교에서 울리

면 '선생님'으로, 어두운 골목에서 들리면 위기 상황에서 구조를 요청하는 '사람 살려'라고 외치는 소리로 들리기도 한다. 사람들에게 미리 얘기만 해주면, 〈All by Myself〉라는 영어 노래 가사는 '오빠 만세'라는 한국어처럼 들리고, 심지어 잡음만 나오는 음반을 틀어주면서 귀신소리가 나온다는 정보를 주면 '피가 모자라'라는 끔찍한 소리로 들린다고도 한다. 이런 현상은 개그 소재로 활용되어 많은 사람들에게 재미를 주기도 했다. 이처럼 사전 학습으로 인한 각인 효과는 우리의 사고가 언어를 지배하는 결과를 보여주는 대표적인 사례이다. 즉 듣고 싶은 대로 들리는 것이다.

|| 임신한 고양이의 울음소리는 아기의 울음소리를 연상시킨다. ⓒ 김아영

　반대의 주장도 있다. 여러 가지 색깔의 카드를 주고 분류를 하게 하면 응답자는 자신의 언어에 있는 색깔의 종류에 따라 색을 분류한다는 실험 결과와 함께 '언어상대성 linguistic relativity' 이론을 주장한 에드워드 사피어 Edward Sapir와 벤저민 워프Benjamin Whorf처럼 언어가 사람의 사고에 영향을 미친다고 주장하는 학자들도 많다. 인간의 인식이나 사고, 문화는 그 사회의 언어에 많은 영향을 받는다는 것이다. 즉 사고가 언어를 지배하는 것이 아니라 언어가 사고를 지배한다는 입장이다.

　조지 오웰George Orwell은 이러한 주장을 받아들여 그의 작품 《1984》에서 사람들의 사고를 지배하기 위한 신어 new speak을 만들어내는 정부 부처를 묘사하고 있다. 물론 이에 반대하여 서로 다른 언어를 사용하는 집단이라 할지라도 같은 문화를 공유하는 경우도 있으므로 반드시 언어가 사고를 지배하는 것은 아니라고 반론을 제기하는 학자들도 많다.

인간이 동물과 다른 점은 언어로 의사소통을 한다는 것이다. 따라서 사람과 사람 사이의 유대관계는 그 어떤 것보다도 언어에 바탕을 둔다. 언어가 사고를 지배한다거나 혹은 사고가 언어를 지배한다거나 하는 방향성을 따지기보다는, 언어가 우리의 사고 및 행동과 불가분의 관계에 있다고 보는 것이 가장 적절할 것이다.

나는 멍멍,
너는 우프우프

듣고 싶은 대로 들리는 것은 자연에서 나오는 소리도 마찬가지이다. 똑같은 개가 짖는 소리나 종이 울리는 소리도 누가 듣느냐에 따라 서로 다른 소리로 들린다. 특히 소리가 문자로 표기되는 경우에는 그 차이가 더 커진다.

얼마 전 인기리에 방영되었던 드라마 〈뿌리 깊은 나무〉에는 세종대왕이 훈민정음을 만드는 과정에서 온갖 소리들을 수집하는 장면이 나온다. 특히 동물의 소리를 잘 흉내 내는 일꾼에게 개나 닭의 울음소리를 내보라고 말하는 장면은 시청자들에게 그저 웃음을 자아내기 위한 장치만은 아니었다. 한글이 인간의 말소리뿐만 아니라 자연의 온갖 소리들도 모두 들리는 그대로 눈으로 볼 수 있게, 즉 읽을 수 있게 글자에 담아낸 우수한 문자라는 것을 말해주기 위한 것이다.

이처럼 동물들이 내는 소리, 천둥이나 번개, 바람이 부는 등의 자연적 환경에서 만들어지는 소리들을 그대로 표현한 단어를 의성어라 한다. 영어로는 'onomatopoeia'라고 부르는데 희랍어로 내가 만드는 것(소리)의 이름이라는 뜻이다. 자연의 소리를 들으면 사람들은 자신들이 사용하는 글자 체계를 이용해서 듣는 그대로 표기하는, 즉 소리에 이름을 주기 위해 애를 쓴다. 따라서 자연에 존재하는 소리를 묘사한 의성어는 비록 언어마다 문자 체계는 달라도 발음했을 때 똑같은 소리로 읽히지 않을까 생각할 수 있다. 그러나 실제는 그렇지 않다.

한국어에서는 개의 울음소리를 '멍멍'으로 표기하지만 일본어에서는 '왕왕ワンワン'으로 부른다. 영어에서는 '우프우프 woof-woof'이고 이탈리아에서는 '버버bu-bu'이며 프랑스에서는 '우아우아ouâ-ouâ'이다. 고양이는 미국이나 영국에서는 '미아우-meow', 한국에서는 '야옹', 프랑스에서는 '롱롱ron-ron'이라고 표기한다. 한국어와 영어에서 같은 '딩동dingdong'으로 표기하기 때문에 가장 비슷해 보이는 종소리도 독일에서는 '빔밤bimbam'이라는 소리를 내며 울려 퍼진다. 이처럼 똑같은 소리도 서로 다르게 표기하는 이유는, 소리는 자연 발생적이지만 이를 문자화하면 언어로 변환되고, 각 지역의 사람들이 사용하는 특정 언어에서의 소리와 뜻의 관계는 절대적이 아니라 임의적이기 때문이다.

그렇다면 자연의 소리나 동물의 소리를 사람이 제대로 알아들으려면 특정 언어의 문자가 아니라 소리 번역이 필요한 것일까? 일본의 한 완구회사에서는 10년 전 강아지 짖는 소리를 사람의 언어로 바꾸어주는 장치를 개발했다. 음향 전문가와 동물 행동 연구가들의 오랜 연구 끝에 개발된 바우링걸 Bowlingual은 약 8센티미터 크기의 무선마이크를 강아지 목줄에 매달아 데이터베이스에 연결된 손바닥 크기의 화면으로 소리를 전달한다. 화면에는 신음, 깽깽거림, 울부짖음 등 강아지가 내는 소리들이 여섯 가지의 감정, 즉 행복, 슬픔, 실망, 분노, 주장, 요구 등으로 분류가 되며 '나를 나무라시네요'와 같이 강아지의 감정을 나타내는 간단한 문장도 표시된다고 한다. 〈타임〉지 선정 2002년 최고의 히트상품이 된 강아지 소리 번역기는 동물의 소리를 사람들이 사용하는 언어로 바꾸었다는 데 큰 의의가 있다고 볼 수 있다.

‖ 강아지의 소리를
번역해주는 바우링걸.

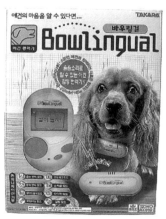

이제 인간의 무한한 창의력과 노력으로 동물과의 의사소통이 가능해졌다면 앞으로는 자연에 존재하는 모든 생물체, 꽃이나 나무, 벌레는 물론 무생물체, 바람이나 돌, 물과 흙이 내는 소리도 인간의 언어로 들을 수 있거나 읽을 수 있을 때가 올지도 모른다. 이미 공상과학 영화에서는 현실에서 실제로 존재하는지, 존재한다면 어떤 소리를 내는지 짐작조차 하지 못하는 외계인들과의 의사소통도 너무나 잘하고 있지 않은가?

칭찬이라는 위대한 마법

《칭찬은 고래도 춤추게 한다》라는 책이 있었다. 바다에서 가장 무서운 육식동물인 범고래가 수면에서 3미터나 뛰어오르는 묘기를 보여주는 비밀은 바로 조련사의 '칭찬' 한 마디에 있다는 사실을 전 세계에 알린 책이었다. 사람이든 동물이든 상관없이 꾸중보다는 칭찬이 더 교육적인 효과가 높다는 사실을 밝혀낸 것이다.

최근 실제 실험을 통해 아이가 아닌 어른도 칭찬을 받으면 수행 능력이 더 좋아진다는 것이 입증되었다. 얼마 전 일본의 국립생리과학연구소 등의 공동 연구팀이 발표한 연구논문에 따르면 48명의 성인이 키보드 입력 방법을 배우는 과정에서 칭찬을 받으면 뇌 깊숙한 곳의 줄무늬체가 활성화되어 수행 능력이 향상되고 다음 과제를 더 잘해냈다는 것이다. 어른이든 아이이든 상관없이 칭찬은 긍정적인 효과를 낸다는 것을 입증한 사례였다.

칭찬을 좋아하는 건 사람이나 동물만이 아니라 식물이나 무생물체도 마찬가지이다. 토마토를 비롯한 여러 식물들에게 칭찬과 사랑한다는 말을 들려주면 훨씬 더 크고 건강하게 자라나며 더 많은 열매를 맺는다는 사실이 각종 실험이나 실제 재배농가에서 입증되었다. 심지어 무생물체인 물도 '사랑한다', '고맙다'는 말을 들으면 아름다운 결정체를 만들어낸다는 것도 실험을 통해 밝혀졌다.

소리공학연구소에서도 한 방송사 제작진과 함께 칭찬이 동물에게 어떤 영향을 미치는지 건국대 동물병원에서 소리 실험을 진행한 적이 있었다. 하루 3시간씩 한쪽 생쥐에게는 스피커로 칭찬하는 얘기를 들려주었고 다른 쪽 생쥐에게는 고함을 지르며 화를 내거나 질책하는 얘기를 들려주었다. 그 결과, 칭찬을 들은 생쥐는 성격이 온순하고 편안하게 잠도 잘 잤다. 반면 고함소리를 들은 생쥐는 안절부절 어쩔 줄을 모르고 불안해하다가 결국은 스피커 연결선을 다 갉아놓아 더 이상 소리가 들리지 않게 만들어버렸다.

스피커 선을 다 갉아먹은 생쥐의 모습에서 볼 수 있듯이 꾸중을 많이 듣는 아이들은 부정적이며 비관적인 가치관을 형성한다. 심하면 정서적 장애를 겪거나 우울증에 걸리기도 한다. 이는 식물도 마찬가지여서 좋지 않은 얘기나 시끄러운 음악을 들으면 소리가 나는 곳을 피해 자라거나 일찍 시들어

♥칭찬해주세요♥　　　♥사랑해주세요♥

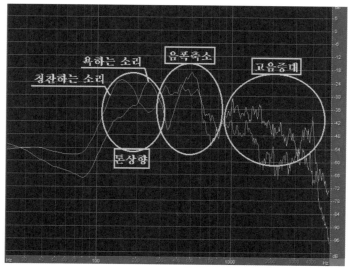

‖ 식물도 칭찬받으면
싱싱해지고 오래 산다.
칭찬하는 소리에는
저음의 톤과 부드러운
중음이 섞여 있으며
고음이 적은 것이
특징이다.

버린다. 물의 경우는 아름다운 결정체를 순식간에 흩어버리는 등 이상 현상을 보인다.

칭찬의 힘은 단순히 칭찬을 듣는 사람이나 동식물이 더 건강하고 힘차게 자란다는 것에 머무르지 않는다. 칭찬을 하는 사람에게도 기쁨, 자신감, 희망, 용기를 준다는 데 바로 진정한 칭찬의 마법이 있다. 칭찬을 들은 사람은 다른 사람을 다시 칭찬할 수 있는 용기를 갖게 되고 결국 칭찬 한 마디가 몇 배가 되는 마법을 부리는 것이다.

그러나 마법이 잘못 쓰이면 저주가 되는 것처럼 칭찬 또한 잘못 쓰이면 독이 될 수 있다. 바로 무조건적인 칭찬이다. 동기나 과정에 대한 설명 없이 결과만을 중시하거나 혹은 다른 사람을 배려하지 않고 무조건 자기 아이만을 추켜세우는 칭찬은 자칫 이기적인 성격으로 만들 수 있다. 무엇을 어떻게 해도 칭찬과 좋은 얘기만 듣는다면 아이들은 자기가 최고라는 자만심을 갖고 자신의 생각이나 태도가 항상 옳다는 편견에 사로잡힐 수 있기 때문이다.

영어를 사용하는 외국인에게 가장 중요한 영어 문장을 말하라고 하면 대부분이 다음과 같이 대답한다. 다섯 단어로 "I am proud of you", 네 단어로 "What is your opinion?", 세 단어로 "If you please"(혹은 "I love you"), 두 단어로 "Thank you!" 한 단어로 말하면? 그것은 바로 "You"이다.

이 문장들의 공통점은 바로 'You'라는 단어이다. 꾸중이든 칭찬이든 가장 중요한 것은 상대방을 배려하는 마음이다. 그러나 현실에서는 상대방보다는 내가 먼저 인정받기를 원하고 내가 먼저 높은 곳에 올라가기를 바란다. 그래서 욕설도 나오고 언쟁도 하게 되는 것이 아닐까? 나보다는 상대방을 배려하는 마음으로 세상을 바라보면 욕설보다는 고운 말을 쓰게 되고 꾸중보다는 칭찬을 하게 될 것이다.

오늘 내 주변에 있는 사람들에게 칭찬이라는 마법을 한번 써보자. "네가 참 자랑스러워!" 지금 내가 생활에 지쳐 있다면 누군가 해주는 칭찬은 세상에서 가장 듣기 좋은 소리, 가장 듣고 싶은 소리인지도 모른다.

목소리의 남성화,
철의 여인 효과

세상에는 남성과 여성이 있다. 그리고 둘 사이에는 수많은 차이가 존재한다. 말소리는 남녀 간의 차이를 가장 확연하게 드러내주는 요소 중 하나이다. 물론 목소리의 높이 외에도 표현 방식이나 사용하는 어휘 또한 다르다. 최근 영국에서는 여성들이 목소리를 낮추어 말하는 경향이 있다는 연구 결과가 보고되어 관심을 끌고 있다. 과연 여성들이 목소리를 낮추어 말하는 이유는 무엇일까?

오랫동안 영국 여성들의 음성변화를 연구해온 앤 카르프 Anne Karpf는 2006년 출간된 《인간의 목소리 The Human Voice》에 흥미로운 내용을 게재했다. 여성들이 키와 몸무게의 증가라는 신체적인 변화와 더불어 남성들이 지배하고 있는 사회에서 인정을 받기 위해 이전보다 목소리를 낮추어 말한다는 연구 결과를 발표한 것이다.

배명진 교수의 소리로 읽는 세상

2011년에는 영국의 전 수상 마거릿 대처Margaret Thatcher의 일대기를 그린 영화 〈철의 여인The Iron Lady〉이 상영되면서 여성들이 자신들의 목소리를 낮추려는 경향이 다시 한 번 나타나고 있다고 영국의 한 일간지가 보도했다. 대처의 나지막하면서도 결연한, 조금은 남성적인 목소리를 닮고 싶어 하는 이 경향을 일각에서는 '철의 여인 효과The Iron Lady Effect'라고 부르기도 했다. 더 나아가 인터넷에서 볼 수 있는 동영상 중에는 '성대안착vocal fry'이라는 이름으로 여성들이 목소리를 지나칠 정도로 낮게, 그리고 굵고 거칠게 만들면서 조금은 비정상적인 발음을 하는 현상도 찾아볼 수 있다.

사실 지금까지 여성의 목소리는 남성보다 평균적으로 한 옥타브 정도 높다고 알려져 왔다. 그중에서도 흔히 말하는 '은쟁반에 옥구슬 굴러가는 목소리', 즉 가늘고 높은 경쾌한 목소리가 여성의 목소리를 대표한다고 여겨지기도 했다.

실제로 캐나다에서 이루어진 연구 결과에 따르면 남성은 여성의 높은 목소리에, 그리고 여성은 남성의 낮고 굵은 목소리에 매력을 느낀다고 한다. 물론 매력을 느끼면서도 배신을 당할 염려가 있는 목소리로 여기기도 하는데, 그 이유는 자신에게 매력적이라면 다른 사람들에게도 매력적으로 들릴 것이므로 바람둥이가 될 가능성이 높기 때문이라고 한다. 이와 더불어 목소리가 낮은 남성이 자손을 더 많이 낳는다는 통계도 있었다. 여성들은 이를 알고 있기에 목소리가 낮은 남성에게 무의식적으로 끌리는 것이라 한다.

그렇다면 여성들이 이성에게 매력적으로 다가갈 수 있는 높은 목소리를 마다하고 낮은 목소리를 내려는 이유는 무엇일까? 앤 카르프는 두 가지 중요한 이유를 들어 이를 설명하고 있다. 먼저 여성의 신체 변화를 들 수 있다. 키가 커짐에 따라 성대의 길이 또한 길어지면서 음역이 낮아졌다는 것이다. 실제로 과거에 비해 여성의 목소리가 낮아진 것으로 분석되었다. 최근 조사에 의하면 여성의 목소리가 남성보다 한 옥타브가 아닌 3분의 2옥타브 정도로 과거에 비해 낮아진 것으로 나타났다.

그러나 '철의 여인 효과'에서 보듯이 여성들이 이러한 신체적인 변화와는 별도로 자연적으로 발성하는 것보다 일부러 더 낮은 목소리를 내고 싶어 하는 현상은 심리적인 이유로 설명할 수밖에 없다. 남성에게 수동적으로 끌려가던 과거와 달리 지금은 동등한 위치에서 경쟁해야 하는 상황에서 약한 이미지를 주지 않기 위해, 혹은 보다 강한 이미지를 주기 위해 의도적으로 낮은 목소리를 내는 것이다.

낮은 목소리가 경쟁에서 보다 우위에 있는 현상은 동물사회에서도 관측된다. 대표적인 일부다처제인 붉은사슴 무리에서는 목소리가 수컷들의 경쟁에서 중요한 역할을 한다. 젊은 수컷이 우두머리에게 도전하기 위해서는 먼저 울음소리로 자신의 힘을 과시하고 이에 반응하는 우두머리의 울음소

리가 낮으면 덤비지 않고 비슷하면 도전을 한다.

　여성들이 목소리를 낮추는 현상에 대해 부정적인 반응을
보이는 사람들도 많다. 낮은 목소리가 힘을 과시한다는 전제
를 부정하면서 그 어떤 목소리보다 가장 강력한 목소리는 어
머니의 목소리라고 주장한다. 이를 입증하는 여러 연구가 있
지만 그중에서도 아침잠에서 아이들을 가장 빨리 깨우는 목
소리는 종소리가 아닌 어머니의 목소리라는 것, 어머니의 목
소리는 그 어떤 소리보다 스트레스를 완화시키는 효과가 있
다는 것, 그리고 언어학습에 있어서도 어머니의 목소리가 가

장 효과적이라는 것 등의 연구 결과들이 제시되고 있다. 어머니의 목소리는 높거나 낮은 것의 문제가 아니라 그 자체로 아이에게 큰 영향을 미친다는 것은 그 누구도 부정하지 못할 사실이다.

자신이 발성할 수 있는 음역대보다 지나치게 목소리를 낮추거나 굵게 발음하면 성대가 상처를 받을 수 있다. 게다가 나이가 들수록 성대 근육이 처지면서 자연스럽게 목소리는 굵어지고 거칠어지며 낮아진다. 그러므로 목소리의 높낮이를 지나치게 의식하기보다는 보다 분명하고 리듬감 있게 발음하려고 노력하는 것이 경쟁에서 성공할 수 있는 효과적인 의사소통 능력을 확보할 수 있는 길이 아닐까 생각해본다.

온몸을 자극하는
소음의 세계

사람마다 좋아하는 소리는 모두 다르다. 특정한 소리가 누군가에는 아주 듣기 좋을 수 있지만, 다른 누군가에게는 아무런 의미가 없거나 불쾌한 소리, 즉 소음이 될 수도 있다. 소음이란 듣는 사람에게 별로 도움이 안 되는 모든 소리를 일컫는다. 그만큼 소음의 기준은 주관적이라는 얘기이다. 아무리 좋은 소리여도 지나치게 오래 지속되거나, 좋아하지 않는 내용이 들어 있거나, 잘 들을 수 없는 소리이거나, 짜증이 나 있는 상황에서 듣는다거나 한다면 그 소리는 소음이 되고 만다. 소음을 결정하는 기준은 크게 세 가지이다. 소리의 크기, 높이, 지속 시간이 바로 그것이다. 특히 아파트 같은 공동의 주거형태가 보편화되면서 층간소음을 비롯한 환경소음이 심각한 사회문제로 대두되었고 이에 법률적인 소음의 기준도 마련되고 있는 상황이다. 소음은 얼마나 우리 삶 속 깊숙이 파고들어 어떠한 영향을 미치고 있을까?

몸으로 느끼는 소음,
충격소음

순간적으로 '쾅' 하며 나오는 소리를 충격소음이라고 한다. 아주 짧은 시간에 대량의 에너지가 방출되기 때문에 이 소리를 들으면 고막이 파열되거나 인체의 장기에 문제가 생길 수 있다. 충격소음에는 모든 소리성분이 다 포함되어 있으므로 이에 노출되면 울림이 유발되어 어떤 유형의 물체라도 피해를 입을 수밖에 없다. 충격소음을 들으면 신체의 모든 부분에서 자극을 느끼는 것도 이 때문이다.

주변에서 번개가 치면 이어서 천둥소리가 들리는데, 번개는 하늘과 땅 사이에 큰 전류가 순식간에 흐르는 방전 현상으로 빛이 번쩍하면서 나타난다. 이때 빛은 충격전자파로서 벼락이라고 하는데, 번개가 치는 근방에서 라디오를 켜면 '찌직 찌직' 하는 잡음이 발생할 정도로 큰 전파장애를 일으킨다. 요즘 기술력은 이러한 번개를 인공적으로 만들어서 전

|| 번개가 치면 벼락은
물론 천둥과 같은
충격음도 발생한다.

자폭탄E-bomb으로 사용하기도 한다. 좁은 공간에서 터트리면 그 안에 있는 전자 장치들은 모두 벼락을 맞은 것처럼 피해를 입게 되는 치명적인 전자무기이다.

번개가 치면 하늘과 땅 사이에 전류가 흐르면서 공기를 가르는 압력 차이가 발생한다. 이때 순간적으로 압력파인 충격음이 발생하여 그 소리가 땅과 하늘 사이의 공간을 울려 '콰

배명진 교수의 소리로 읽는 세상

광~' 하는 천둥 치는 소리가 들린다. 이 소리는 충격소음이므로 누구나 신체에 전율을 느끼고, 이것이 불규칙하게 들리기 때문에 두려움마저 경험하게 된다. 다행스럽게도 천둥 치는 소리는 저 멀리서 뜸하게 들리고, 빛이 번쩍하고 예고한 후 들리기 때문에 소리에 대한 두려움은 감소할 수 있다. 그래도 천둥 번개 소리가 싫다면 귀를 막아 소리를 덜 들리게 만드는 것도 한 가지 대응책이다.

갑자기 충격소음을 들으면 그 소리 전후에 일어났던 소리들을 망각하게 되는 사운드마스킹 현상이 발생한다. 소리는 귀를 통해 감지하고 그 의미는 뇌에서 파악하는데 큰 에너지를 가진 충격음이 들어오면 그 소리 전후에 기억했던 소리의 내용을 상실해버리는 현상이다. 또한 충격소음이 발생하면 뇌의 청각신경이 주파수를 분별하는 능력이 순간적으로 둔감해진다. 이것을 주파수마스킹 frequency masking 현상이라고 한다.

전쟁 영화를 볼 경우 총소리나 폭탄이 터지는 소리를 듣고 마치 현장에 있는 듯한 실감나는 즐거움을 느낄 수 있다. 그러나 이는 실제로 현장에서 듣는 충격음이 아닌 음향 효과로 만든 소리이기 때문에 그 피해를 실감하지 못한다. 그러나 군부대에서 포탄이나 총을 쏘는 훈련을 할 경우에는 문제가 심각하다. 다른 사병이 쏘는 총소리가 들리더라도 귀를 보호하지 않은 상태로 훈련을 진행하는 경우가 있기 때문이다.

훈련 중에는 잘 모른 채 지나가지만 그날 밤 취침 중에 고막의 통증을 호소하는 경우가 많이 발생한다.

일반적으로 총소리나 대포소리는 120데시벨 이상의 큰 충격음을 낸다. 그 주변에 있다가 청각장애 판정을 받아 제대 후에도 이명을 호소하는 청년이 수천 명이나 된다. 이 때문에 피해자들은 국가 차원의 보상을 요구하고 있다. 사실 전쟁 중에는 총이나 또는 파편에 맞아 다치거나 죽는 것보다, 총소리나 대포소리에 놀라 귀에 장애가 발생해 삶 자체가 어려워졌다는 이야기가 더 빈번하게 보고되고 있다.

우리는 일상생활에서 다양한 충격음에 노출되어 있다. 그중에서도 공사장에서 들리는 대부분의 소리는 굴착기에서 나오는 충격소음이다. 소리공학연구소에서는 공사장에서 들리는 소음이 우리 신체에 미치는 영향을 조사해보기로 했다. 공사장에서 '쿵쿵'대는 소리를 70데시벨 크기로 들려주고, 50명의 중학생들에게 고등학교 수준의 단어 암기력 테스트를 실시했다. 전에는 알지 못했던 새로운 단어 20개를 암기하게 했더니, 클래식 음악을 틀어주었을 때에 비해 충격소음 환경에서는 평균 2배 이상, 일상의 상태에 비해서는 2.5배의 시간이 더 소요되었다.

다음으로는 생쥐에게 60데시벨 크기로 충격소음 테스트를 진행해보았다. 그러자 4시간 정도 소음에 노출된 쥐는 운동성이 떨어지고 방향감각이 크게 둔화되었다. 8시간 동안 노

출된 쥐는 심한 스트레스로 우리를 물어뜯거나 갉아먹은 흔
적이 나타났다.

　충격음의 피해는 수중에서도 나타난다. 대표적인 현상이 서
해안에서도 종종 일어나는 밍크고래 자살 사건이다. 2004년
도에 〈내셔널지오그래픽〉이 호주에서 일어난 밍크고래 자살
사건의 원인을 조사해보니, 고래들이 청각에 큰 장애를 입어
죽은 경우가 대부분이었다고 한다. 전함이 해저를 돌아다니
는 잠수함을 찾기 위한 수중음파탐지기 소나Sonar를 사용한
것이 문제였다. 소나에서 발생한 충격음은 140데시벨이 넘
는데, 마침 근처를 지나가던 밍크고래가 심각한 피해를 입은
것이다. 고래는 초음파나 음파로 서로 통신을 하고 먹이를

찾는다. 이때 청각장애가 일어나면 평상시처럼 생활할 수 없
기 때문에 자살을 선택하게 된다.

우리 주변에는 예기치 않게 발생하는 충격소음이 의외로
많다. 여기에 과도하게 노출되면 밍크고래처럼 우리의 삶도
송두리째 망가질 수 있다. 따라서 충격소음에 노출되는 횟수
를 줄이거나, 소음 방지 또는 보호 대책을 시급히 마련하여
청각장애가 생기거나 평화로운 일상생활이 방해받는 일이
결코 없어야 할 것이다.

배명진 교수의 소리로 읽는 세상

참기 힘들어요, 층간소음

층간소음으로 인한 갈등으로 폭력이나 방화, 심지어는 살인 사건이 일어났다는 뉴스를 요즘에는 심심치 않게 접할 수 있다. 단순한 소음일 뿐인데 층간소음은 왜 이렇게 극단적인 결과를 야기하는 것일까?

도시에서 생활하면 주변의 환경소음에 영향을 받게 마련이다. 그중에서도 의식주를 해결하는 주택에서의 소음, 특히 층간소음이 큰 골칫거리로 대두되고 있다. 국민의 반 이상이 도심 지역에 몰려 사는 우리나라의 인구 동향 특성상, 도시의 좁은 땅에 많은 집을 지어 아파트나 연립주택이 계속 증가하고 점차 고층화되고 있는 추세이다.

아파트가 고층화될수록 층간은 점차 좁아지고, 건축자재 또한 가벼워져 소음이 쉽게 생길 수밖에 없다. 이를 방지하기 위해서는 무엇보다 층간소음이 최소화되도록 규격화된

정량의 흡음재료와 층간시공을 바탕으로 건축이 이루어져야
한다. 그러나 아무리 잘 지어놓은 아파트라 할지라도 입주민
들이 서로 조심하지 않으면 층간소음은 발생하기 마련이다.
화장실 배기구는 꼭대기에서 아래층까지 전체가 하나로 연
결되어 있어 위층에서 물 받는 소리나 혹은 물 내리는 소리
가 이 통로를 통해 아래층으로 전달되기도 한다. 어느 집에
서든 벽에 못을 박아도 같은 통로에 있는 아파트 전체가 콘
크리트와 철근으로 연결되어 있기 때문에 '쾅쾅' 하고 못 박
는 소리가 울리게 된다.

배명진 교수의 소리로 읽는 세상

이렇게 층간소음에 쉽게 노출되어 피해를 입은 사례가 빈번하다. 층간소음 때문에 두통이나 경련을 일으키기도 하고, 심한 스트레스로 두려움을 느끼기도 한다. 층간소음의 문제는 이뿐만이 아니다. 이웃 간에 원수가 되기도 하고, 말다툼이 일어나서 결국에는 폭력을 부르는 화근이 되기도 한다. 어떤 임산부는 층간소음 때문에 유산의 아픔을 겪기도 했다.

그렇다면 여기에 한 가지 의문점이 있다. 층간소음도 소리의 한 부류라면 왜 아파트의 옆집에서 들리는 소음은 별로 영향을 미치지 않는데, 층간소음의 문제는 왜 그렇게 심각한 것일까? 그것은 바로 층간소음이 50헤르츠 이하의 저주파로 이루어져 있고, 이는 특별한 전달상의 특성이 있기 때문이다.

층간소음에는 가벼운 막대기가 바닥에 떨어지거나 사람의 발자국 소리가 아래층에 전달되는 등의 경량소음이 있고, 탁자나 가구 등이 바닥에 끌리는 등의 중량소음이 있다. 일부 고주파 소음은 공기를 타고 창문이나 공간을 통해 울리면서 전달되지만 위아래층의 창문을 닫아버리면 공기 중의 소리가 대부분 차단되어 들리지 않는다. 충격음은 바닥이나 벽의 콘크리트, 철근을 타고 위층이나 아래층에 전달되는데 전달 경로에서 특히 저주파 소음만 크게 전달된다. 이때 벽이나 천장을 타고 전달된 저주파 소음은 거실이나 방 안에서 울리기 때문에 더 크게 느껴진다.

50헤르츠 이하의 저주파 소음은 사람의 귀보다는 신체나 촉감을 자극한다. 따라서 소음측정기로 층간소음을 측정할 때는 귀로 들리는 청각 위주의 소리 측정 dBA 방식보다 저주파를 측정하는 dBC 방식으로 측정해야만 그 크기를 제대로 알 수 있다(dBA 방식은 인간의 귀에 가장 잘 들리는 중간 주파수 대역을 중심으로 소리의 크기를 측정하므로 저주파나 고주파 영역의 소리는 대부분 무시하게 된다. 반면 dBC는 모든 주파수 영역을 골고루 측정을 하여 크기를 계산하는 방식이다).

　층간소음이 스트레스를 유발하는 원인이 바로 여기에 있다. 저주파 소음은 귀뿐만 아니라 사람의 신체나 촉감을 자극하기 때문에 주로 머리나 가슴으로 느낀다고 한다. 실제로 남녀 10명에게 50헤르츠 이하의 저주파 소음을 10평의 실내에서 음압 80데시벨 크기로 5분 정도 들려주자 6명에게서 어지러움 증상이 나타났고, 그중 4명은 가슴울림을 호소했다.

　층간소음은 언제 발생할지 모르는 불규칙한 소음이기 때문에 더 두렵다고들 한다. 예기치 않게 층간소음이 발생하면 마치 가슴을 압박하는 듯한 스트레스를 유발한다. 차라리 천둥 번개 소리처럼 귀에 잘 들린다면 원인을 규명할 수 있지만, 준비가 안 된 상태에서 소음이 들리면 가슴을 짓누르는 듯한 불쾌감이 찾아온다. 게다가 또 언제 나타날지도 모르는 두려움으로 인해 불안 증상 또한 나타난다.

　아파트가 이미 지어진 이상 층간소음을 구조적으로 경감

시키기는 어렵다. 그래서 입주민 스스로
의 주의가 특히 필요하다. 바닥에 양탄자
나 쿠션을 깔고, 가구나 피아노 등의 다
리에는 고무와 같은 흡음재료를 끼워야
한다. 또한 다닐 때는 큰 소리가 나지 않
도록 노력하는 등 서로를 배려하며 더불
어 사는 에티켓이 필요할 때이다.

‖ 휴대용 소음측정기.

우리를 병들게 하는
저주파 소음

층간소음의 주된 원인이 되고 있는 저주파 소음. 앞에서 살펴보았듯이 일반적으로 100헤르츠 이하의 소리를 저주파라고 한다. 저주파는 우리 귀로는 잘 안 들리지만 피부나 척추 등 신체의 떨림으로 느낄 수 있다. 바로 이 점으로 인해 저주파 소음의 문제가 발생한다. 즉 귀로는 잘 들리지 않지만 신체의 떨림이나 촉감으로 소리를 더 강하게 느끼게 되므로 오히려 신체적인 충격이 더 크다는 것이다. 또한 저주파 소음은 예기치 않게 발생하므로 이를 듣게 되면 우리 몸은 경직되고 더 나아가 경기를 일으킬 수도 있다. 결국 스트레스가 쌓이게 되면서 현대인들을 병들게 하는 것이다.

일상생활에서 접할 수 있는 저주파 소음의 대표적인 예가 버스를 탈 때 나는 엔진소리이다. 운전석보다는 뒤쪽으로 갈수록 저주파 소음에 더 많이 노출된다. KTX의 경우에도 마

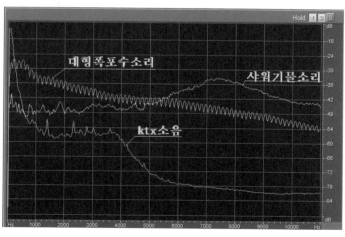

대형폭포수소리

샤워기물소리

ktx소음

‖ 고속철도가 빠른
속도로 터널을 통과할
경우 저주파 소음이
발생한다. 부피가 큰
물체에서 저주파
소음이 특히 잘
만들어진다.

찬가지인데 특히 고속으로 터널을 통과할 경우 저주파 소음의 울림이 커져 더 큰 영향을 받는다. 그 외에도 공사장에서 땅이나 벽을 부수기 위해 충격을 가하면 '쿵쿵' 하는 소리가 나면서 벽이나 땅에 2차 공명을 유발하게 되는데 이때 자극적이고 불규칙한 저주파 소음이 발생한다. 층간소음 또한 저주파 소음을 유발한다. 위층에서 뛰거나 걷는 소리는 벽이나 천장을 타고 아래층에 전달되고 거실이나 방에 큰 울림을 만드는 것이다.

저주파 소음은 공명이라는 소리의 특성으로 인해 발생한다. 여기에 음이 더해져 물체에 자극을 주면 각각의 물체마다 고유한 공명음이 증폭되면서 저주파 소음이 발생한다. 따라서 소리의 울림을 유발하는 물체의 부피가 큰 경우에 더욱 저음이 유발된다. 앞에서 말한 버스 엔진소리의 경우 후미에 있는 엔진소리는 버스라는 물체를 자극하게 되고 버스 뒷좌석은 공명통이 되면서 저주파 소음을 유발하게 되는 것이다.

저주파 소음은 지진파처럼 물리적인 변형을 유발하는 진동을 수반하므로 두통과 어지러움을 느끼게 하고 동시에 심리적인 압박감으로 불쾌감과 스트레스를 준다는 연구 보고가 있다. 환경론자들은 저주파 소음에 2시간 이상 노출될 경우 순환계, 호흡계, 신경계, 내분비계 등 신체의 각 부위에 직접적인 영향을 미친다고 주장하고 있다.

저주파 소음의 피해를 입지 않으려면 소음이 발생하는 곳을 가급적 피하는 것이 좋지만, 생활 주변에서 발생하는 소음을 피하기는 쉽지 않은 것도 사실이다. 아직 우리나라에서는 저주파 소음에 대한 기준값이나 지침서가 마련되어 있지 않은 상태이다. 다만 학계와 연구소를 중심으로 저주파 소음으로 인한 피해 사례가 보고되고 있는 정도이다.

일본에서는 2004년 환경성에서 저주파 소음에 대한 지침서를 발표한 바 있다. 대만 또한 법령으로 기준값을 초과하면 벌금을 부과하는 강력한 대책을 마련해놓고 있다. 앞으로 우리나라에서도 보다 강력한 소음규제 방지책이 마련되어야 할 것으로 보인다.

모두에게 약이 되는
좋은 소음

소음이란 듣는 사람에게 별로 도움이 안 되는 소리를 말한다. 지극히 주관적인 관점에서 보면, 아무리 좋은 소리라도 듣는 사람이 처한 환경이나 심리 상태에 따라서 그 소리가 방해가 될 수 있다는 말이다. 애타게 보채고 있는 아기의 울음소리는 엄마나 아기에게는 아주 중요하고 의미가 있겠지만 주변 사람들에게는 시끄러운 소음으로 들릴 뿐이다.

물론 좋은 소음도 있다. 소음의 유형에는 특정 음높이를 유지하는 컬러소음color noise과 넓은 음폭의 백색소음이 있다. 백색소음이란 용어는 백색광에서 유래되었다. 백색광을 프리즘에 통과시키면 7가지 무지개 빛깔로 나누어지듯 다양한 음높이의 소리를 합하면 넓은 음폭의 백색소음이 된다. 이는 우리 주변의 자연과 생활환경에서 쉽게 접할 수 있으며, 환경에 따라 주변의 소리가 다르듯이 백색소음도 다양한 음높이와 음폭을 갖는다. 따라서 우리에게는 좋은 소음이다.

　대표적인 백색소음으로는 비오는 소리, 폭포수 소리, 파도 치는 소리, 시냇물 소리, 나뭇가지가 바람에 스치는 소리 등이 있다. 이들 소리는 우리가 평상시에 듣고 지내는 일상적인 자연의 소리이기 때문에 음향 심리적으로 별로 의식하지 않으면서 그 소리에 안정감을 느낀다. 또한 자연의 백색소음을 통해 우리가 우주의 한 구성원으로서 주변 환경에 둘러싸여 있다는 보호감을 느끼게 되어 듣는 사람은 청각적으로 적막감까지 해소할 수 있다.

|| 백색소음은
일곱 가지 무지개의
백색광에서 유래되었다.

이렇듯 아무런 의미가 없는 것처럼 들리는 자연의 백색소음을 우리 생활에서 듣는다면 어떤 효과가 있을까? 우리는 다년간 다양한 실험을 통해 실제로 소음도 약이 될 수 있다는 사실을 알게 되었다. 먼저 사무실에 아무도 모르게 백색소음을 주변 소음에 비해 약 10데시벨 높게 들려주고 일주일을 지켜보았다. 그러자 근무 중에 잡담이나 불필요한 신체의 움직임이 현저하게 줄어들었다. 한 달 후 백색소음을 꺼버렸더니 심심해하거나 주의력이 흐트러지고 업무의 집중도가 크게 떨어졌다. 즉 백색소음이 없는 것보다 어느 정도 있는 것이 업무의 효율성을 증대시킨다는 것이 실험으로 입증된 것이다.

여름철 해변에서 텐트를 치고 있노라면 불어오는 해풍에 시원하고 상쾌한 느낌이 들지만 부서지는 파도소리에도 깊은 잠을 잘 수 있다고 한다. 특히 일본에서는 오키나와 해변의 파도소리를 녹음한 후 CD에 수록하여 팔고 있는데, 도심의 슬리핑캡슐 등에서 시민들이 휴식을 취할 때 숙면 유발용으로 아주 인기가 좋다고 한다. 파도소리에 숨겨져 있는 백색소음이 뇌파의 알파파를 동조시켜 심신을 안정시키고 수면을 촉진하기 때문이다.

또 다른 실험으로 주변의 자연음을 들려주었을 때의 집중력 변화를 관찰했다. 5분 단위로 주변의 소리를 다양하게 들려주고서 10대, 20대, 30대 등의 연령대별로 공부 중에 신체 움직임을 관찰했다. 이때 10대와 20대 피험자는 약수터 물 떨어지는 소리, 큰비 내리는 소리 등의 비교적 넓은 음폭의 소리를 선호했고, 이때 집중력이 가장 높았다. 한편 30대는 작은 빗소리나 큰 시냇물 흐르는 소리 등의 중간 음폭의 백색소음에서 업무의 집중력에 효과가 더 좋게 나타났다. 결과를 좀 더 입증하기 위해 백색소음을 들려주었을 때의 뇌파 반응을 검사해보았다. 한 의과대학의 도움을 받아 백색소음을 들려주고 뇌파를 측정했더니, 피험자의 뇌파에서 베타파가 줄어들고 집중력의 정도를 나타내는 알파파가 크게 증대했다. 이것은 심리적인 안정도가 크게 증가했다는 의미이다.

그렇다면 생후 3~4개월 미만의 신생아가 우는 경우에 태아 시절에 들었음직한 심장박동 소리, 숨 쉬는 소리, 엄마 아빠의 목소리 등을 녹음해서 들려준다면 과연 아기가 안정을 취할 수 있을 것인가? 실험을 해보니 엄마 아빠의 목소리를 들으면 아기는 점점 더 불안해하고, 엄마의 품을 찾아 더 애타게 울 뿐이었다. 이때 TV의 빈 채널에서 나오는 '쉬이익' 거리는 소음을 들려주자 울던 아기가 금방 울음을 멈추고 안정감을 되찾았다. 어떤 부모는 진공청소기 소리를 들려주었더니 울던 아기가 안정을 찾았다고도 하고, 부드러운 비닐봉지를 만지작거리면서 부스럭거리는 소리를 들려주면 아기가 금방 밝은 표정을 짓는다고도 했다. 신생아를 달래는 이러한 소리 또한 인공적으로 만들어진 하나의 백색소음이다.

백색소음을 인공적으로 만들어서 실생활에 활용한 분야도

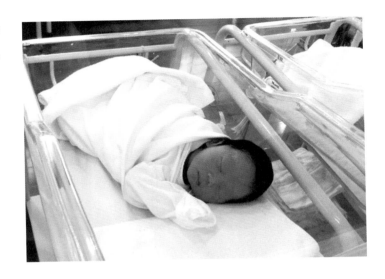

많다. 소음을 활용한 개인정보 보호 프로그램이 그중 하나이다. 백색소음은 넓은 음폭을 가지기 때문에 목소리를 통해 정보를 주고받는 은행이나 보험사 등에서 개인정보 보호를 목적으로 주로 사용된다. 주민등록번호나 계좌번호 등의 숫자를 말하면 옆 사람이 쉽게 알아들을 수 있어 정보가 유출될 수 있다. 이때 백색소음을 일정 레벨로 발생시키면, 옆 사람은 각각의 숫자의 발음 차이를 잘 구분할 수 없는 사운드 마스킹 현상을 느낀다. 이로써 목소리를 통한 개인정보의 유출을 막을 수 있는 것이다.

배명진 교수의 소리로 읽는 세상

8

유명 명소의 향연,
자연의 소리

자연은 백색소음 외에도 훨씬 더 다양한 소리를 만들어낸다. 인위적인 구조물이 아닌데도 마치 수십억 달러를 들여 만든 오페라하우스처럼 웅장한 소리울림을 만드는 동굴이 있는가 하면, 돌로 된 바위인데도 나무로 만들어진 목탁과 같은 소리가 나는 바위도 있다. 몽돌로 이루어진 해변의 파도소리는 파도가 돌을 쓸어가면서 특별한 소리를 내기도 한다. 이번에는 특별한 곳에서 들을 수 있는 놀라운 자연의 소리를 만나보려 한다.

자연이 만든
오페라하우스

호주 시드니 근교에는 다양한 형태의 동굴들이 모여 있는 마을이 있다. 바로 제놀란동굴Jenolan Caves이다. 시드니를 출발해 자동차로 몇 시간을 달려 산 입구에 다다르면 도로는 어느새 비포장도로로 바뀌고, 산길을 따라 30분 더 들어가면 드디어 마을을 만날 수 있다. 하루 나들이로 마을에 있는 모든 동굴을 관람하고 해지기 전에 시드니 숙소로 돌아갈 수 있을 거라고 생각했지만 큰 오산이었다. 안전규정상 가이드가 동반하는 투어만 가능하고 동굴이 깊어 하루에 두 개씩만 볼 수 있었다. 동굴들을 다 돌아보려면 적어도 일주일은 걸린다고 한다. 우리가 이렇게 멀리까지 제놀란동굴을 찾아간 것은 탐사를 위한 것이 아니라 사실 동굴 속에서의 소리울림 효과를 체험하기 위해서였다.

탐험가 복장을 한 여성 안내인을 따라 방문객 50여 명이

한 줄로 서서 꼬불꼬불 동굴 지하로 들어갔다. 어떤 곳은 거의 기다시피 해야 하고, 또 어떤 곳은 간신히 몸만 빠져나갈 정도로 통로가 좁았다. 여기저기 신비로운 모습을 하고 있는 종유석과 수정을 보면서 신기한 동굴 체험을 계속하다 보면, 안쪽으로 갈수록 동굴의 폭이 넓어짐을 알 수 있다. 30여 분을 더 들어가면 비로소 최종 목적지인 메인홀에 도착한다. 안내인은 사람들을 앉게 한 후 손전등으로 천장 여러 곳을 비추면서 열심히 설명해주었다. 그러다가 어느 순간 안내인이 노래를 시작했다. 그러자 마치 두 사람 이상이 화음을 넣어 부르는 듯한 노랫소리가 웅장하고 화려하게 울려 퍼졌다. 노래를 부르는 안내인이 오페라가수 출신이 아닐까 하는 생각이 들 정도였다.

이곳 동굴의 내부는 바윗돌이 여기저기 박혀 있었고 그 사이로 간간이 마른 흙이 보였다. 한쪽에는 물이 흘러내리고 있어 습도가 유지되고 있었고 기온은 선선하게 느껴졌다. 이런 동굴에서 노랫소리가 청중에게 잘 들리려면 오페라하우스처럼 음향설계를 할 때 홀의 잔향reverberation 특성을 중요하게 고려해야 한다. 홀에서 목소리를 내면 소리가 벽이나 천장에서 다양한 경로로 반사된다. 그때 거리나 표면의 재질에 따라 여러 반사음과 원래 목소리가 함께 합성되면서 목소리에 윙윙거림이 나타나는데 이것이 바로 잔향 현상이다. 잔향 시간은 목소리를 내고 나서 그 반사음의 영향이 −60데시

‖ 시드니 근교에 있는
제놀란동굴이다. 아래는
국내의 한 동굴에서
노래를 부르고 있는
모습이다.

벨 정도로 없어질 때까지의 시간을 말하는데, 강의실은
0.4~0.6초, 영화관에서는 0.8~1.1초, 오페라하우스에서는
1.2~1.6초 정도가 적당하다.

잔향 시간이 기준 범위에 있지 않으면 어떤 일이 일어날까? 강의실의 경우 잔향이 전혀 없으면 선생님의 목소리가 가늘고 빈약하게 전달된다. 그래서 더 크게 말하게 되어 목에 무리가 가 아주 힘들어진다. 반면 잔향 시간이 너무 길면, 학생들은 선생님의 말이 윙윙거려서 알아듣기 힘들다. 혹시 여러분은 초등학교 재학 시절에 교실 천장이 유달리 높다고 느낀 적이 있는가? 내가 초등학교에 다니던 당시에는 천장에서 반사되는 잔향 특성을 최소화하기 위해 3미터 이상으로 천장을 높여야 했다. 요즘은 흡음재료의 발달로 천장이 많이 낮아졌다. 천장에 석고보드를 마감재로 하여 반사된 소리를 흡수하는 것이다. 그래도 천장을 울리면서 나오는 소리가 있으면 천장 내부의 흡음재를 사용하여 반사음을 최소화한다.

동굴 소리 체험 이야기로 돌아가면, 이때 나는 홀에 앉아 잔향 시간을 간단히 측정해보았다. 휴대형 MP3 플레이어를 이용하여 가청영역음으로 서로 다른 주파수의 '삑 삑' 소리를 서너 번 발생시켰고, 이때 스마트폰의 녹음기로 소리를 녹취한 후 소리울림의 잔향 시간을 측정해왔다. 그랬더니 1.3초가 얻어졌다. MP3 플레이어에서 발생하는 비프_{beep}음의 크기가 작기 때문에 위치를 바꿔가면서 홀에서의 잔향 시간을 여러 번 측정했다. 그런데도 평균 잔향 시간은 1.25~1.35초로 여러 위치에서 거의 일정하게 얻어졌다. 이것은 동굴에서의 잔향 특성이 일반 오페라하우스의 잔향 특성과 아주 유사하다는 것을 의미한다.

　다음은 동굴에서의 음폭 전달을 측정하기 위해 소형 MP3 플레이어를 통해 백색소음을 발생시켰다. 이때도 휴대폰 녹음기를 통해 마이크의 방향을 홀의 위치에 따라 바꾸면서 울려 퍼지는 백색소음을 녹음하여 분석했다. 주파수 음폭 실험을 해보니 100헤르츠 이하에서 소리 전달이 약한 것을 제외하고는 음의 전달 특성 또한 거의 비슷하게 얻어졌다. 동굴에는 바위나 종유석이 많이 분포되어 있어 멀리까지 저음반사가 일어나 저음 전달이 상대적으로 높아질 것으로 예상했는데, 실제로는 그 반대 현상이 일어난 것이다. 동굴의 천장이나 벽에 있는 바위와 흙이 수분을 많이 함유하고 있어 저음의 소리를 잘 흡수하여 울림을 최소화한 것이다.

　우리나라에도 강원도의 성류굴, 제주도의 만장굴, 우도의 해상동굴 등 많은 동굴이 있다. 가능하면 이들 동굴에서도 관광객에 대한 서비스 차원에서 안내인이 멋들어지게 노래 한 곡을 뽑아줬으면 하는 생각을 하던 차에 좋은 소식을 들었다. 매년 제주 우도의 해상동굴인 고래굴에서 정기적으로 음악회를 개최한다는 것이다. 이른바 '우도동굴음악회'이다.

　우도의 동굴은 바다와 접해 있다. 평소에는 바닷물에 잠겨 있어 동굴에 들어갈 수 없으나, 수면이 낮아지는 10월 중순 썰물 때 음악회를 개최한다. 우리는 고래굴에서의 소리 측정을 위해 동굴음악회에 맞춰 우도로 갔다. 동굴 바로 옆으로 파도소리가 철썩거리면서 맞춰주는 화음을 듣는 것도 새로운 경험이었지만, 음악 단원들이 다양한 악기를 들고 와서 합주와 합창하는 것을 들으니 정말 황홀한 느낌이었다.

연주회 중간에 단원들이 교체되는 사이를 이용해 동굴의 잔향 시간을 측정해보았다. 청중이 서 있던 위치별로 잔향 시간이 1.5~1.7초 얻어졌고, 음폭도 일반적인 오페라하우스에서 얻을 수 있는 음향 주파수의 특성을 잘 유지하고 있었다. 공연이 끝나자 물이 차올라 바로 이동을 해야 했기에 원하는 만큼 길게 소리 측정을 할 수 없었다. 아쉬움이 컸지만 앞으로도 우도의 동굴음악회가 계속되기를 바라는 마음은 간절했다.

사실 거의 모든 동굴에서의 음향특성은 고도의 음향기술을 사용해 건설한 오페라하우스에서 들을 수 있는 소리와 아주 유사하다. 동굴 속에서 볼 수 있는 종유석과 바위 등 온갖 자연의 신비를 보는 것도 즐겁지만 동굴 안에서의 울림에 빠져보는 것도 큰 기쁨이 될 수 있다. 앞으로 동굴을 방문할 기회가 있다면 그 안에서 노래를 불러 마치 오페라하우스 안에서 멋진 연주를 하는 것과 같은 즐거움을 만끽해보면 어떨까.

목탁바위와
에밀레종의 비밀

SBS 〈생방송 투데이〉 제작팀에게 연락이 왔다. 경남 밀양에 있는 표충사에서 촬영 중인데 사찰 입구에 우뚝 솟은 큰 바위를 받치고 있는 밑 부분의 넓은 바위를 돌로 치면 목탁소리가 들린다는 것이다. 그 원인이 무엇이며 정말 그 소리가 과학적으로 분석해도 실제 목탁소리와 유사한지 밝혀달라는 요청이었다.

바위를 치는데 돌을 치는 소리가 아닌 다른 소리가 들린다면 이것은 어렸을 때 읽었던 《몬테크리스토 백작》의 암굴 탈출법과 아주 유사한 내용이라서 호기심이 발동했다. 암굴의 벽을 두드려보면서 속이 비어 있는지 확인해보고 감옥을 탈출하기 위한 통로를 계속 파 내려가는 소설 속 늙은 죄수의 모습은 지금까지도 기억에 남을 만큼 인상적이었다. 그래서 KTX를 타고 급히 밀양 현지로 달려가 제작팀과 합류해 바위에서 나는 소리를 분석해보았다.

일반적으로 어떤 물체의 성분을 조사하기 위한 방법으로 물체를 두들겨서 나는 소리를 분석하는 것을 '비파괴 검사'라고 한다. 사물을 두들겨서 발생하는 충격음에는 소리 스펙트럼에서 볼 수 있는 모든 음높이 성분이 다 포함되어 있다. 또한 충격음이 물체에 전달되면, 그 물체의 규모나 재질에 따라서 서로 다른 통울림으로 응답이 나타난다. 만약에 어떤 대상에 돌로 쳐서 충격음을 전달했고 이때 그 대상이 돌로 가득 채워진 상태라면 '딱~' 하는 소리가 난다. 그러나 돌 내부의 일부 구간이 비어 있다면 돌로 쳤을 때 빈 공간의 통울림 소리가 '퉁~' 하고 들리게 되는 것이다.

목탁의 경우도 이와 비슷하다. 목탁은 둥근 나무 사이에 틈이 갈라진 구조로 되어 있다. 따라서 나무 방망이로 속이 꽉 차 있는 나무를 치면 '딱딱~' 하는 소리가 나지만, 목탁처럼 안이 비어 있다면 '퉁퉁~' 하는 소리가 들린다. 즉 충격음이 비어 있는 틈 사이로 울리면 좀 더 오랫동안 저음의 여운이 있는 소리울림이 발생하는 것이다.

현장에 도착한 후 받침돌의 여러 부분을 쳐보았다. 과연 돌로 친 흔적이 남아 있는 일부 구간에서는 목탁소리와 비슷한 '퉁퉁~' 하는 소리가 들렸으나 다른 부분에서는 소리가 다르게 나왔다. 바위에서 나는 소리의 공명 주파수를 실제의 목탁소리와 비교해 보니 목탁소리와 통울림 현상은 비슷했

으나 돌의 특성 때문인지 나무에서 울리는 저음은 나오지 않
았다. 즉 목탁소리의 공명울림은 200~400헤르츠였으나, 돌
의 울림은 500~700헤르츠로 소리성분에 약간 차이가 있었
다. 다만 사찰 입구에서, 그것도 큰 바위비석을 받치고 있는
아랫부분의 돌에서 '퉁퉁~' 소리가 나자 목탁소리와 유사하
다고 사람들이 유추하게 된 것이다.

　한편 또 다른 목탁바위가 대구 근교의 팔공산에도 있다는
제보가 들어왔다. 우리는 혹시나 하는 마음으로 촬영팀과 함
께 팔공산 가산산성에 위치한 '할아버지 할머니 바위'를 찾
아갔다. 자동차가 양방향으로 동시에 지나갈 수 있을 정도로

큰길가에 옆으로 누운 돌이 몇 개 놓여 있었다. 한쪽에 돌로 친 흔적이 여러 군데 남아 있는 넓적한 바위가 바로 목탁소리가 난다는 바위였다. 곧바로 소리를 채집하여 비교해보니, 울림 주파수가 400~600헤르츠로 일반 목탁소리보다 약간 고음으로 나타났다. 그러나 표충사의 목탁바위보다는 저음이었고, 돌 사이의 공간이 넓어서인지 북소리처럼 '퉁퉁~' 하는 긴 여운이 느껴졌다.

이처럼 소리울림이 모아져 자연 발생적으로 '퉁' 하는 소리를 내는 경우도 있지만 일부러 그런 소리를 만들어내는 방법도 옛날부터 많이 쓰였다. 특히 종소리에서 이와 비슷한 현상을 자주 발견할 수 있다. 대표적으로 성덕대왕신종, 일명 에밀레종이 있다. 신라 35대 경덕왕이 아버지였던 33대 성덕대왕의 명복을 빌기 위해 큰 종을 만들려 했으나 뜻을 이루지 못하고 죽고 만다. 이에 그의 아들 혜공왕이 아버지의 유지를 받들어 771년(혜공왕 7)에 완성하고 봉덕사에 걸었다. 특히 종을 주조할 때 시주받은 어린아이를 용광로에 넣었다는 전설로 유명하다. 그래서 종을 치면 아이가 엄마를 찾으며 '에밀레~' 하고 우는 소리가 들린다고 한다. 종소리가 아름답기도 하지만 아마도 애간장을 끓이듯이 절절하게 들려서 그럴 것이다.

에밀레종은 현존하는 신라시대의 종 중에서 규모가 제일 크며, 종소리가 아름답고 다양한 의미를 지닌다. 에밀레종의

‖ 에밀레종 바닥에는 맥놀이 효과를 일으키는 오목한 형태의 울림통(명동)이 자리하고 있다.

종소리에서는 심금을 울리는 소리, 맑고 청아한 소리, 긴 여운의 소리, 끊어질 듯 이어지는 소리, 애끓는 소리 등이 들리는 것으로 분석되었다. 다른 종에서도 이들 중 몇 가지 소리는 나타나지만 에밀레종처럼 그 소리의 의미가 다양한 것은 없다. 에밀레종의 가치는 전 세계적으로도 인정받아 얼마 전에는 유네스코 세계문화유산으로 등재되기도 했다.

에밀레종의 소리는 가까이에서 들었을 때 64헤르츠의 저주파음이 나와 우리의 신체를 흔드는 효과를 낸다. 단순히 64헤르츠가 나오는 것이 아니라 3초 주기로 소리가 멀어졌다 가까워지는 맥놀이 효과로 인해 더욱 전율을 느끼게 한다. 이러한 종소리로 인한 신체 떨림 때문인지 중국에서는 종을 붙잡고 기도를 하거나 소원을 비는 경우가 많다고 한다.

에밀레종을 쳤을 때 여러 가지 복합적인 소리가 나와 우리 귀에 들린다. 1분 이상 끊임없이 이어지는 여운을 갖는 소리 중 하나가 바로 64헤르츠의 초저주파음이다. 우리 선조들은 이 소리를 오랫동안 더 크게 지속시키기 위해 종 하부에 단지를 묻어두고 소리울림을 유발하는 방법을 이용했다. 요즘은 경주박물관 입구 우측에 별도의 종각을 세워서 에밀레종을 설치했는데, 아쉽게도 종 하부의 소리울림을 충분히 고려하지 않은 채 약간 오목하게 모양만 내어 울림을 모아주는 듯한 흉내만 내고 있는 실정이다. 게다가 종을 보존하기 위해 타종을 제한하고 있다. 종은 쳐야만 생명력이 유지된다는

종소리 전문가의 주장과는 달리 종을 역사의 유물로 잘 보관하는 데 더 큰 의미를 두어야 한다는 의견이 지배적이기 때문이다.

    종은 뒤집어놓으면 옆구리가 볼록한 단지나 와인잔 모양이 된다. 실제로 와인잔의 주둥이를 쳐도 윙윙거리는 소리울림을 들을 수 있다. 이때 와인잔에 물을 채우면 그 양에 따라 다른 소리가 들리는데, 이처럼 와인잔 안의 물 높이를 다르게 하여 연주용 악기로 활용하기도 한다. 와인잔을 쳐서 충격음을 주면, 물이 채워지지 않은 부분의 유리가 진동체

‖ 유리잔에 높이를 달리해 물을 채우면 떨림 주파수가 달라져 서로 다른 음계의 소리를 만들 수 있다.

역할을 하면서 소리울림을 만들어내는데 그 부피에 비례하여 음높이가 결정되는 원리이다. 따라서 넣은 물이 많으면 저음, 적으면 고음으로 울린다. 이 소리는 와인잔의 오목한 공간에서 소리울림이 더 모아져 커지고 여운도 좀 더 길어진다.

우리나라 삼천리 금수강산을 돌아보면 특별한 소리를 들려주는 명소나 명물이 아주 많다. 그중에서도 자연의 신비를 담고 있는 목탁바위와 인간이 만들어낸 에밀레종의 소리는 우리의 청감을 자극하는 귀한 소리울림을 경험하게 해준다. 뿐만 아니라 우리 선조들의 과학적인 지혜를 배울 수 있는 귀중한 자료라 할 수 있다.

몽돌해변의
파도소리

여름철 해변에 누워 부서지는 파도소리를 들으면 깊은 잠을 잘 수 있다고 한다. 과연 파도소리의 어떠한 성분이 인간의 수면을 유발하고 숙면을 취하게 돕는 것일까?

수년 전에 광주 MBC 라디오 편성팀장으로부터 거제도 몽돌해변의 파도소리를 분석해달라는 연락을 받았다. 몽돌해변의 파도소리는 좀 더 색다른 느낌이 들어서 그곳을 찾는 사람들이 많다고 했다. 보통 파도가 해변에 몰아치면 바닷물이 부서지듯 기포를 내면서 해변을 스치게 된다. 몽돌해변에는 주먹돌(몽돌)이 깔려 있어 바닷물이 쓸려 내려갈 때 '짜자작~'하는 독특한 소리가 들린다고 한다. 특히 거제도의 몽돌해변은 몽돌의 색깔이 검고 아름다워 흑진주 몽돌해변으로 불린다. 바닷물도 깨끗하고 맑아 사람들이 즐겨 찾는데 파도소리 또한 독특해서 아름다운 소리가 나는 해수욕장으로 선정되기도 했다.

해변에 파도가 주기적으로 몰아치면 해변으로 물이 올라왔다가 빠지면서 소리가 나는데, 해변이 우리가 알고 있는 평범한 모래사장으로 되어 있으면 물이 빠질 때 스치는 소리가 별로 나지 않는다. 백령도 해변의 경우 일반적인 크기의 모래 대신에 손톱만 한 크기의 굵은 모래들이 주로 깔려 있다. 파도에 휩쓸려온 바닷물이 빠지면서 '싸~' 하는 소리를 낸다고 하여 콩돌해변이라 불린다. 이에 비해 몽돌해변에는 주먹만 한 크기의 몽돌이 있어 파도에 올라온 바닷물이 빠질 때 색다른 '짜자작~' 소리가 들리는 것이다.

파도가 해변에 몰아칠 때마다 마치 응원석에서 함께 힘을 모아 응원하는 듯한 소리가 들리고 빠질 때는 '짜자작~'으로 화답하는 박수소리가 3~7초의 주기로 끊임없이 이어진다. 이러한 소리주기는 사람들이 아주 편안할 때 심호흡하는 주기와 비슷하고, 동시에 졸음을 유발하는 뇌파(델타파)의 소리이다. 몽돌해변에서 소리를 듣다 보면 큰 파도소리에 웅장함을 느끼는 동시에 부서지는 파도의 쾌활한 소리에 마음을 열게 된다. 또한 파도치는 소리주기에 마음의 안정감을 느껴 자연의 소리에 함께 동조되면서 점차 빠져드는 매력이 있다.

무엇보다도 파도소리는 소리 자체의 크기가 아주 웅장할 뿐만 아니라 백색소음의 전형이다. 우리가 귀로 들을 수 있는 모든 소리성분이 다 포함되어 있는 백색소음은 파도소리

‖ 몽돌해변에서는
파도가 둥근 돌을
쓸어가면서 만드는
특별한 소리를 들을 수
있다(위). ⓒ윤재화
낙산사의 홍련암은
일정한 주기의
파도소리를 낸다(아래).

나 폭포소리, 바람소리, 빗소리 등에서 들을 수 있다. 백색소음은 주변 자연의 지형지물에 따라 소리울림이 달라지면서 음폭 또한 조금씩 변화하지만, 대체로 웅장하면서도 맑고 쾌활한 소리로 들린다. 해풍을 맞으면서 파도소리를 들으면 대자연의 위대함과 함께 맑고 상쾌한 기분을 느끼게 되는 이유가 여기에 있다.

이 가을,
낙엽 밟는 소리를 들어보자

가을이 되면 여기저기에 낙엽이 쌓인다. 아침 일찍 일어나 낙엽을 마치 쓰레기처럼 자루에 쓸어 담는 사람도 있고, 누군가의 손을 잡고서 낙엽이 쌓인 길을 따라 걸으며 때로는 한 뭉치씩 낙엽을 집어 던지면서 즐거워하는 사람도 있다. 쌓여 있는 낙엽을 보면 사람들은 왠지 모르게 밟고 싶은 충동을 느낀다고 한다. 그 원인이 바로 소리에 있다.

낙엽을 밟으면 여러 종류의 소리가 들린다. 먼저 낙엽이 분쇄되면서 나는 바스락거리는 소리가 8~13킬로헤르츠의 넓은 음대역을 갖는다. 그리고 넓은 잎이 구겨지면서 '사각' 하고 나는 소리는 2~4킬로헤르츠의 소리이다. 이처럼 넓은 음폭에서 나오는 안정된 소리성분은 듣는 사람들에게 맑고 상쾌한 음감을 제공한다.

사실 8~13킬로헤르츠의 소리성분은 우리가 평상시에 잘

‖ 낙엽을 밟으면 넓은
잎이 분쇄되면서 맑고
상쾌한 소리가 나는데,
이 소리로 인해
운동성을 느껴 자꾸
더 밟고 싶어진다.

배명진 교수의 소리로 읽는 세상

들을 수 있는 소리가 아니다. 따라서 주변에서 이런 소리가 들리면 우리 귀의 청각신경이 새로움을 느끼게 된다. 동시에 소리의 진폭에 따라 청각신경이 음압변동을 느끼면서 넓은 음폭으로 골고루 자극을 받아 시원하고 쾌활함을 느낄 수 있다. 낙엽 밟는 소리에는 2~4킬로헤르츠의 소리성분이 두드러진다. 잎이 넓은 낙엽을 밟을 때 이 소리가 특히 크게 들린다. 그리고 넓은 음대역을 통해 우리 귀에 스치듯 들리기 때문에 쾌활하면서도 무게감을 주어 무언가를 정복했다는 성취감 또한 느낄 수 있게 한다. 늦가을의 길목에서 옷깃을 세우고 걸어가는 중년 남성의 모습에서는 낭만뿐만 아니라 뭔지 모를 성취감을 느끼게 만드는 소리도 함께하는 것이다.

낙엽 밟는 소리와 비슷한 예로 비스킷이나 감자칩 등의 과자를 씹을 때 나는 소리가 있다. 바스락거리는 소리가 6~8킬로헤르츠의 넓은 음대역에서 나타나며 소리에 대한 정감과 더불어 씹는 힘에 따라 잘게 부서지는 촉감이 우리에게 발랄함을 느낄 수 있게 한다. 그래서 자꾸만 과자에 손이 가는 것이다.

낙엽을 밟으면 한순간에 소리가 끝나버리는 것이 아니라 밟았다 뗄 때까지 작은 소리에서 큰 소리로 끊임없이 이어지는 진폭 변동음이 들린다. 이러한 진폭 변동을 통해 사람들은 보다 큰 활동성을 느낄 수 있다. 즉 가볍게 밟았을 때와 무게감 있게 밟았을 때의 소리가 서로 다른 것이다. 이러한 소리 변화를 통해 사람들은 운동성과 동시에 성취감을 느끼게 된다. 그래서 우리는 낙엽을 자꾸만 밟고 싶어지는 것이 아닐까?

바람소리가
만들어내는 멜로디

미국 하와이의 오하우 섬에는 바람이 아주 세차게 불어대는 것으로 유명한, 일명 '바람의 산'으로 불리는 누아누팔리전 망대Nuʻuanu Pali Lookout가 있다. 해풍이 산 협곡을 지나면서 강풍으로 바뀌는 지형이라 특별히 세찬 바람을 맞으러 외국 관광객들이 많이 찾곤 한다. 바닷가 부근에 자연적으로 생겨난 계곡이기 때문에 마을에서 몇 시간을 달려 도착했지만 불어오는 바람을 맞는 것 외에는 별다른 이벤트나 볼거리는 없었다. 그런데도 많은 사람들이 그곳을 찾는 이유는 바람이 아주 세기로 유명한 지형지물은 그 자체만으로도 유명한 명소가 되기 때문이다.

수년 전 서울시에서 우리 연구소에 하나의 제안을 해왔다. 한강이 굽이 돌아 지나는 곳에 난지도 노을공원이 있는데, 한강을 따라 불어오는 바람이 공원의 능선을 타고 올라와 아주 세차게 부는 지역이니, 이를 소리와 연계해 특화된 바람소리 공원을 만들자는 것이었다. 원래 서울시에서 배출되는 쓰레기 매립지였던 난지도는 매립이 종료되면서 침출수와 가스는 따로 뽑아내어 연료로 재생산하고 매립한 부분에는 흙을 덮어 공원으로 조성되었다. 공원 정상에는 시민을 위한 9홀의 퍼블릭 골프 코스가 만들어졌으나 관리상의 문제로 사용되지 않고, 대신 여러 개의 대형 조각품들이 10만 평의 넓은 지역에 여유 있게 배치되어 있었다.

맞은편에 위치한 하늘공원은 노을공원보다는 규모가 작지만, 도심에 좀 더 가까이 접해 있어 등산로가 아기자기하게 잘 조성되어 있었다. 그곳에도 바람은 불어오지만 굽어진 한강이 바로 지나가는 곳이 아니어서 등산객들은 바람을 별로 느끼지 못하는 것 같았다. 다만 높은 키의 풍력발전기가 여러 대 설치되어 있어 하늘공원에도 높은 곳에서는 바람이 세게 분다는 것을 짐작할 수 있었다.

노을공원에 올라가면 한강이 잘 보이도록 남서쪽에 전망대가 서 있다. 그곳에 서면 정말 세찬 바람이 불어오는데 그곳에 바람소리 연주기를 설치하기로 결정하였다. 바람이 불면 그 바람을 모은 후 목관악기의 원리를 이용한 연주기를 통과시켜 음계가 나오게 하는 것이다. 바람의 세기에 따라 멀리서 혹은 가까이서 소리가 들리게 하여 소리의 크기를 조절했다. 또한 바람이 전망대로 불어오는 방향에 따라 음색을 달리하게 하여 다양한 장르의 음악을 연주하도록 만들었으며, 바람의 주기에 따라 음악의 템포도 빨라지도록 설계하였다.

그해 가을, 다음 해 노을공원에 설치할 바람소리 연주기의 설치 비용이 서울시의회에서 추가편성 예산으로 통과되었고, 차기년도 봄에 설치하기로 결정되었다. 그러나 서울시장의 행정 집행에 대해 시의회가 반기를 들면서 대부분의 예산 집행이 이루어지지 못하게 되었으며, 결국은 노을공원의 바람소리 연주기 설치 계획도 무산되고 말았다.

그러나 쉽게 포기할 수는 없었다. 우리 연구팀은 꿩 대신 닭이라는 생각에 바람소리 연주기를 숭실대 교정에 설치하기로 했다. 숭실대학교는 동서로 산 능선을 타고 고층 건물들이 이 열로 나란히 지어져 있는 구조인데, 바람이 부는 날 건물 사이에 나 있는 길을 걷다 보면 여름이 아닌 다른 계절에는 추위를 심하게 느낄 정도였다. 우리는 동서로 놓인 언덕 계단 길 가운데 병풍폭포가 있는 곳에 바람이 특히 많이 몰린다는 것을 알았고, 이곳에 바람소리를 이용한 멜로디 연주기를 설치하였다. 물론 바람의 세기와 음폭에 따라 다양한 음악 연주가 가능하도록 설계하였다.

바람소리 연주기의 원리는 바람이 불면 관tube을 지나게 되는데 이때 소리가 나게 만든 것이다. 바람이 관의 표면을 스치면서 백색음의 소리가 나게 된다. 백색음은 음폭이 넓고 다양한 음높이의 성분들이 복합적으로 합쳐지면서 '스아~'

하는 모든 음계를 포함한 소리를 만들어낸다. 서로 다른 관의 길이를 사용하여 공명 음계를 분리하면 마치 태양의 백색광에서 일곱 가지 무지개 빛깔을 걸러낼 수 있듯이 백색음에서도 7음계를 분리할 수 있다. 이때 관의 밸브를 리듬에 맞춰서 시간에 따라 여닫기를 반복하면 음계 연주를 할 수 있게 되는데, 이것이 바로 세계 최초로 우리가 만든 바람소리 멜로디 연주기이다.

앞에서도 설명했듯이 바람소리 연주기는 주변의 건물이나 노면에 스치는 바람소리를 모아서 아름다운 멜로디를 연주하는 장치이다. 집에 있다 보면 가끔 바람이 심하게 불 때 '웅웅~'거리는 소리를 들을 수 있는데 이는 바람이 불면서 건물의 난간을 스치는 소리이다. 이처럼 바람소리가 많이 들리는 곳에 바람소리 연주기를 설치한다면 듣기 싫은 소리가 아름다운 멜로디로 바뀔 것이고, 집 안에서도 연주되는 멜로디의 크기를 통해 바깥에서 불고 있는 바람의 강도를 알 수 있게 된다.

관광지의 경우 강한 바람이 불어오는 곳이라면 바람을 잘 이용할 수 있는 여러 시설과 함께 바람소리 연주기를 설치해보는 것은 어떨까? 그 지역에 적합한 음악 연주를 들려줌으로써 세계적인 관광명소로 거듭나게 할 수 있지 않을까 하는 기대를 해본다.

행복한 삶을 위한
소리와 건강

우리나라 사람들은 건강염려증이 있다고 할 만큼 건강에 대한 관심이 특별하다. 몸에 좋다는 음식은 금방 동이 나고 주말이 되면 건강을 위해 걷는 사람들로 전국의 산과 산책로 곳곳이 붐빈다. 그렇다면 소리 건강은 어떨까? 소리는 건강에 어떤 영향을 미치며 어떤 소리가 건강에 좋은 걸까? 이번에는 소리와 건강에 대해 자세히 알아보려 한다.

코고는 소리 때문에
못 살겠어요

잠을 잘 때 코를 고는 이유는 자는 사람의 자세가 숨 쉬는 코의 근육을 방해하거나, 선천적으로 코의 호흡 통로가 차단되기 때문이다. 코골이 때문에 발생하는 문제 또한 많다. 부부가 잠을 잘 때 상대방의 코골이 때문에 불면증에 시달리기도 하고, 코고는 소리가 층간소음이 되어 밤마다 고통을 주는 경우도 있다. 그래서 코골이 소리가 사람들에게 어떠한 영향을 미치는지에 대해 소리 음향적으로 분석해보기로 했다.

먼저 코골이 소리의 음압을 측정해보니 70~90데시벨 정도로 아주 높게 나왔다. 이 정도의 음압은 도심의 버스나 지하철이 들어올 때의 소음과 맞먹는다. 그런데도 지하철 소음에 비해 소리가 작다고 느껴지는 이유는 코골이 소리의 대부분이 500헤르츠 이하의 저주파 성분이기 때문이다. 그러나 수치적으로는 아주 큰 소음임에 분명하다.

코골이 소리는 100~400헤르츠로 2옥타브에 가까운 음높이 변화가 나타났다. 이런 변화는 사이렌 소리와 비슷해 사람의 청각에 굉장히 민감하게 작용하며 특히 뇌를 자극한다. '큭~'거리는 소리가 아니라 '끄르럭~' 하면서 저음에서 고음으로 톤의 변화가 나타나는 사이렌 효과로 듣는 사람에게 음향 심리적으로 불안감을 준다.

코골이는 얼굴에서 코를 통해 발생하기 때문에 공명특성이 통울림으로 느껴지는 저주파 성분들이 대부분이다. 게다

배명진 교수의 소리로 읽는 세상

가 바로 옆에서 자고 있는 사람의 머리에서 울리는 공명특성이 나타나기 때문에 함께 자려면 아주 곤욕을 치러야 한다. 즉 코골이의 공명은 코를 고는 본인뿐만 아니라 옆에서 함께 자는 사람에게도 느껴져 깊은 잠을 잘 수 없게 만든다. 코골이는 층간소음도 유발할 수 있다. 코고는 소리의 통울림이 거실이나 위아래층까지 잘 전달되기 때문이다.

코골이는 소리성분도 단순하지만 리듬도 3~5초 정도로 단순주기로 불안정하게 반복된다. 따라서 의미 없는 코골이 소리와 함께 불안정하게 숨을 쉬면 무호흡증으로 숨을 멈추는 건 아닐까 옆 사람은 불안한 마음으로 지켜봐야만 한다. 그래서 "코골이와는 도저히 못 살겠어요!"라고 호소하게 된다.

코골이는 옆 사람에게 음향 심리적인 고통을 가하고 동시에 불안정한 스트레스를 유발한다. 옆 사람의 머리를 소리로 두드려 정신을 자극한다. 내 옆에서 자고 있는 사람이 더 이상 함께 못 살겠다고 선언하기 전에, 하루빨리 코골이의 원인을 살펴서 건강한 가정과 사회생활을 가꾸어나가는 지혜가 필요하다.

귀가 건강해야
사회가 밝아진다

사람이 들을 수 있는 주파수는 20헤르츠에서 20,000헤르츠 사이이다. 그러나 나이가 들어감에 따라 들을 수 있는 주파수 영역은 점점 줄어든다. 유아기에는 20,000헤르츠의 고주파도 들을 수 있지만 청소년기에는 18,000헤르츠, 50대에는 12,000헤르츠 이상의 고주파음은 잘 듣지 못한다. 따라서 사람의 나이, 특히 청각의 나이는 고주파를 어디까지 들을 수 있는가에 따라 결정된다고 해도 과언이 아니다. 청각이 좋으면 그만큼 젊다는 것, 건강 또한 좋다는 것을 의미한다.

대중교통을 이용할 때 옆 사람의 이어폰에서 나오는 소리가 너무 커서 불편했던 적이 누구나 한 번쯤 있을 것이다. 대부분의 사람은 그에 대해 뭐라고 할 수 없어 다른 자리로 피하거나 아니면 꾹 참고 만다. 그런데 정작 문제는 내가 아닌 그 사람에게 있다. 그렇게 큰 소리로 음악을 듣다 보면 소음성 난청에 걸리게 된다. 소음에 자주 노출되어 청력이 제 나이보다 능력이 크게 떨어지는 것을 말한다.

젊은 사람들 가운데 작은 소리나 높은 주파수의 소리를 잘 듣지 못하는 소음성 난청 증상을 보이는 경우가 의외로 많다. 대학생들을 대상으로 조사해보니 20대 중반의 30퍼센트 정도가 30대 중반에서 들어야 할 15,000헤르츠의 소리도 잘 듣지 못할 정도로 소음성 난청이 심각하게 나타났다. 요즘 젊은 층에서 소음성 난청이 이처럼 증가하는 이유는 무엇일까? 그 원인은 헤드폰이나 이어폰 등으로 청력을 과도하게 혹사시키고 있기 때문이다. 이러한 기기를 오랫동안 사용하면 소리가 집중적, 지속적으로 청각신경을 자극해 마침내 고주파음을 잘 듣지 못하게 된다. 이러한 증상이 심해지면 결국 청력을 잃어버리고 만다.

요즘 젊은이들은 볼륨을 최대치의 80퍼센트 정도에 맞추고 이어폰으로 음악을 1시간 이상 듣는다. 이때 귀에 바로 전달되는 소리의 크기는 약 85데시벨 수준이다. 이어폰으로 음악을 들으면서 오토바이를 타고 다니는 배달원의 경우는 더 심한데, 볼륨을 거의 최대치로 올린 95데시벨 수준이었다. 이는 노래방 안에서의 음악소리나 천둥소리와도 비슷하다. 늘 귓가에 천둥소리를 달고 다니는 상태라 할 수 있으니 고막이 견뎌내는 것이 놀라울 정도다.

청력은 일단 손상되면 회복이 어렵다. 따라서 심할 경우엔

70대가 넘어서 사용해야 할 보청기를 50대부터 써야 하는 상황이 발생한다. 난청이 일찍 발생해서 자신이 들을 수 있는 소리계의 음폭이 점차 좁아진다는 것은 여러모로 불편한 일이다. 게다가 일단 한번 청력이 손상을 입으면 작은 소리를 못 듣게 되고, 그로 인해 덩달아 음향기기의 볼륨을 높이게 되니 이는 고막을 더욱 손상시키는 악순환만 되풀이할 뿐이다.

물론 작은 소리를 듣지 못해도 일상생활을 하는 데 큰 불편함이 없을 거라고 생각할 수 있다. 그러나 이는 아주 심각한 문제이다. 우리나라 말은 초성, 중성, 종성으로 이루어져 있는데, 중성인 모음보다 초성이나 종성에서 발성되는 자음들의 소리가 대부분 2,500헤르츠 이상의 고음이 대부분이다. 따라서 소음성 난청을 가진 사람은 자음을 정확하게 알아듣지 못하고 발음이 부정확해짐과 동시에 큰 소리로 말하게 되므로 공공장소에서 다른 사람에게 피해를 줄 수 있다. 또한 소음성 난청으로 인해 저주파음만 주로 듣게 되면, 우리의 귀 안에 있는 청각신경이 고주파 감지 영역에서 제때 반응하지 못해 생활이 아주 답답해진다. 특히 음향 심리학적으로 이러한 청각의 답답함이 우울증과 자폐증 등으로 이어져 사회 전반적인 분위기가 침울해질 수 있다.

헤드폰이나 이어폰에서 들리는 소리의 음량 자체는 아주 양호하지만, 밖으로 새어 나오는 소리가 옆 사람에게 전달될

때는 아주 자극적이고 불쾌한 감정이 솟구치게 만든다. 이어폰은 진동판이 원활하게 움직이도록 하기 위해 밖을 향해서 미세한 구멍을 뚫어두는데, 이곳을 통해 소리의 일부가 밖으로 새어 나가게 된다. 이때 소리는 주로 3,000~4,000헤르츠로 이루어져 있어 작은 소리라 해도 사람의 귀에 아주 잘 들리게 된다. 특히 소리의 음폭이 거리에 따라 좁아지면서 단순음으로 들리기 때문에 주변 사람에게는 아주 민감하고 불쾌하게 들린다.

소음성 난청을 예방하기 위해서는 젊었을 때부터 귀를 보

II 출퇴근 시 번잡한 지하철에서는 이어폰을 사용하는 사람들이 많다.

호하려는 노력이 필요하다. 사실 그리 어려운 일도 아니다. 고막에 자극이 강한 이어폰이나 헤드폰 사용은 가급적 피하고 스피커를 통해 되도록 작은 음량으로 듣는 습관을 가져야 한다. 스피커는 다양한 음역대의 소리와 생활 주변의 소리를 함께 들려주므로 고막에 미치는 압력을 줄여준다. 불가피하게 이어폰을 이용할 경우라도 볼륨 최대치의 반 정도 수준에 맞추어 듣는 것이 귀의 건강을 지킬 수 있는 방법이다.

소리로 환각을 일으키는
사이버 마약

1990년대에 개발된 인터넷은 무서울 정도의 빠른 속도로 우리의 삶을 변화시키고 있다. 인터넷이 여러 면에서 일상생활을 편리하게 만든 것도 사실이지만, 한편으로는 게임중독이나 인간성의 파괴 등 수많은 문제점을 야기하고 있는 것도 간과할 수 없다. 소리를 연구하고 있는 입장에서는 소리만으로 환각을 일으킨다는 '사이버 마약'이 인터넷을 통해 빠르게 보급되고 있다는 것이 염려스럽다.

사람은 양쪽 귀에 들리는 주파수의 근소한 차이를 이용해 소리가 나는 위치를 인지하게 되는데, 이런 현상을 '바이노럴 비트binaural beat'라고 한다. 이러한 청각적 특성에 입각한 소리를 발생시켜 뇌파를 안정적으로 자극함으로써, 학습 능력이나 집중력의 개선, 그리고 수면을 유도하고 숙면을 취하는 데 사용하기도 한다. 반면 최근 문제가 되고 있는 사이버 마약에 사용되는 소리는 바이노럴 비트를 이용하여 뇌파를 자극하는 것은 동일하지만, 듣는 사람에게 부정적인 영향을 끼쳐 점차 난해하고 공격적으로 성격이 바뀌도록 유도한다는 점이 다르다.

소리만으로 환각을 일으킨다는 사이버 마약은 양쪽 귀로 들리는 소리의 차이를 이용해 뇌파를 부정적인 방향으로 자극하는 원리를 이용한 것이다. 특히 스피커나 이어폰보다 음량이 강력하게 전달될 수 있는 헤드폰으로 청취를 유도한다고 한다. 이러한 소리를 들었을 때 몇 가지 문제가 발생한다. 먼저 소리의 세기인 진폭의 강도에 문제가 있는데, 소리가 커야 잘 느끼기 때문에 귀가 울릴 정도로 틀어놓고 30분 이상 듣게 되면 소음성 난청이 유발될 수 있다.

소리의 음높이에도 문제가 있다. 100헤르츠 또는 300헤르츠의 단순음만 사용하여 만들기 때문에 이러한 소리를 5분 이상 들으면 머리가 멍해지고 사고가 단순해지며, 신체적으로는 나태해지면서 스트레스 증세가 나타난다. 또한 양쪽 귀의 주파수와 진폭의 차이를 점차 크게 변동시켜 자극을 주기 때문에 구급차의 사이렌 소리 효과처럼 소리에서 감정의 변화를 크게 느낀다. 결국 이 소리로 인해 신경질적으로 바뀌고 폭력성이 나타난다. 게다가 소리를 끊어도 한동안 그 소리가 연상되는 등 이명 현상이 나타나 자신의 행동에 책임을 질 수 없는 상태가 될 수 있다. 이렇듯 사이버 마약의 소리

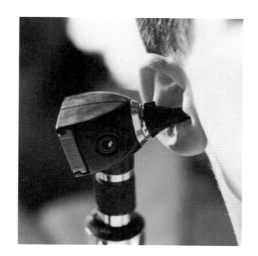

‖ 사이버 마약은 뇌와 청력에 문제를 일으키고 소음성 난청을 유발한다.

성분은 사람을 아주 불안정하게 만드는 특성을 가지고 있어 정신건강에 해롭다.

사이버 마약의 효과는 사람마다 다르게 나타난다. 정신상 태가 양호하거나 건강한 사람은 이러한 소리에도 쉽게 흔들 리지 않고 단순한 소음 정도로 느낀다. 그러나 자기 통제력 이나 방어 능력이 약한 사람들, 심리적으로 허약한 사람들은 이러한 소리에 쉽게 빠져들 수 있다.

더군다나 사이버 마약의 소리는 귀를 통해 우리 뇌에 바로 전달되고, 반복적이고 단순한 소리는 청각신경과 뇌의 특정 부위를 자극하여 흔적을 남기기 때문에, 연상 작용을 일으켜 습관이나 중독으로 빠져들 수 있다. 자기방어에 익숙하지 않

은 어린이나 청소년들이 특히 조심해야 하는 이유가 여기에
있다.

사이버 마약은 자칫 사회를 무기력하고 포악하게 만들 수
있다. 그러나 단순히 법적으로 처벌을 하기보다는 사회의 질
서 유지 차원에서 다양한 보호조치가 취해져 미성년자들이
나 선의의 피해자가 생기지 않도록 해야 한다. 아직은 생소
한 사이버 마약의 유해성을 널리 알리고 이를 구매하거나 접
근할 경우 사전에 다운로드 과정에서부터 원천적으로 차단
되도록 해야 한다.

특히 호기심으로 사이버 마약을 접하게 될 경우에는 이것
이 짜증을 유발하는 자극적인 소리라는 것을 인식하고 무시
해야만 한다. 다시 한 번 강조하지만 사이버 마약에서 나오
는 소리는 정신건강에 아주 유해하므로 절대로 가까이해서
는 안 된다는 사실을 우리 스스로 숙지해야 한다.

씹는 소리가
건강에 좋다

감자칩을 생산하는 한 회사로부터 연락이 왔다. 신제품을 개발했는데 타사 제품에 비해 씹는 소리가 어떤지, 그리고 그 소리가 건강에 어떤 영향을 미치는지 자세히 분석해달라는 내용이었다.

기존에 판매되던 감자칩은 얇게 썰어 기름에 튀기기 때문에 맛이 부드럽고 고소하며 식감도 좋다. 또한 기름에 튀기면서 생기는 올록볼록한 기포로 인해 바삭거리는 소리가 나고, 이 소리로 인해 자꾸만 더 먹고 싶어진다고 한다. 그렇지만 기름으로 튀긴 제품은 건강에 좋지 않은 트랜스 지방이 많아 소비자는 이런 종류의 제품을 기피하게 된다. 그러나 이번에 새로이 개발되었다는 감자칩은 이전의 제품과 달리 구워서 만들었기 때문에 건강하게 섭취할 수 있다고 했다. 두께 또한 아주 얇아서 맛이 담백할 뿐만 아니라 씹는 소리도 식욕을 돋운다고 회사 관계자는 자신 있게 말하고 있었다.

실제로 그 회사 감자칩의 씹는 소리를 분석해보니 기존 제품에 비해 평균 5.3데시벨이 더 높았다. 소리에너지를 이야기할 때 일반적으로 3데시벨 차이는 두 배 큰 소리를 말한다는 것을 고려하면, 5.3데시벨이 큰 차이임을 알 수 있다. 씹을 때 들리는 소리가 입안의 내이와 고막을 통해 두뇌에 영향을 주는데, 그 느낌이 훨씬 더 강해졌다는 의미라고 해석할 수 있다.

소리의 음높이를 살펴보면 저음, 중음, 고음의 세 가지 영역으로 나눌 수 있는데, 감자칩을 입에 넣고 난 후 어금니로 넘길 때 나는 저음의 '스르륵' 하는 소리가 기존 제품에 비해 보다 강하게 나타났다. 이 소리는 음식물을 섭취할 때 들리는 소리의 무게감을 높여 먹는 포만감을 향상시키는 역할을 한다.

씹을 때 들리는 바스락거리는 소리는 중음대역으로, 비교적 넓은 스펙트럼 띠를 형성하고 있었다. 이러한 소리는 노래방에서 탬버린을 흔들었을 때 들리는 소리처럼 아주 경쾌하고, 우리의 두뇌를 민감하게 자극한다.

또 다른 소리인 '스윽스윽' 하는 소리는 10~15킬로헤르츠 정도의 초고음대에서 들리는데, 이 소리성분은 두뇌를 크게 자극하기 때문에 태아용 두뇌개발, 우울증이나 자폐증 환자

들에게 치료 목적으로 사용되기도 한다. 고주파의 소리를 잘 들을 수 있는 유년기나 청소년기의 학생들은 이 소리를 음미할 수 있다.

ǀǀ 다양한 종류의 감자칩은 우리의 식감을 자극한다.

이번에 분석한 새로운 감자칩은 기름에 튀긴 제품보다 약간은 딱딱하기 때문에 씹는 시간이 15퍼센트 더 지속된다고 한다. 즉 그 맛을 소리로 느끼는 시간이 더 길어졌다는 의미이다. 치아가 건강하면 음식물을 씹을 때 치아와 음식물이 부딪치는 소리가 나면서 뇌를 자극하여 치매를 예방할 수 있다고 한다.

이번 연구를 통해 우리는 감자칩을 씹는 소리를 통해서도 고소한 맛뿐만 아니라 씹는 소리의 상쾌함으로 육체와 정신의 건강을 함께 유지할 수 있다는 사실을 확인할 수 있었다.

새소리가 두뇌에
미치는 영향

새싹이 힘차게 솟아나는 새봄이 찾아오니, KBS 아침방송에서 소리에 관련된 방송을 준비했다는 연락이 왔다. 신기한 소리의 정체를 밝히기 위해 방송사의 안내를 받아 경북 안동을 찾았다. 그곳에는 하루 전에 도착했다는 새 박사로 유명한 윤무부 교수님이 우리를 반겨주었다.

　마을 입구에는 주민들이 신성하게 여기는 오래된 느티나무 한 그루가 우뚝 서 있었다. 그런데 이 나무 주변에서 이른 새벽과 저녁때마다 '드르륵' 하는 소리가 들려온다고 했다. 마을 사람들은 무섭기도 하고 왠지 산신령의 노여움을 산 건 아닌지 걱정하며 그 시간대에는 가급적 바깥출입을 삼가하고 있었다. 주민들을 더욱 두렵게 만든 것은 소리가 들릴 때 나무 주변에 아무것도 보이지 않는다는 사실이었다. 소리의 진원지조차 알 수 없어 불안감은 더욱 커지고 있었다.

우리가 도착했을 때는 소리가 나기 시작한 지 3주가 지난 뒤였다. 그때도 주민들은 나무에서 여전히 으스스한 '드르륵' 소리가 들린다고 말했다. 그곳에 오기 전, 주민 한 명이 휴대폰으로 녹음해 보내준 소리를 미리 분석해보았다. 소리로 들었을 때는 겨울잠에서 막 깨어난 양서류의 울부짖음 정도로 파악했다. 소리의 간격이 0.05초도 되지 않을 정도로 아주 빠른 리듬이 반복되는 구조를 나타냈기 때문이었다. 만일 새 종류라면 부리를 '따따닥' 하면서 움직이는 물리적인 시간이 소요되므로, 그렇게 빨리 소리를 낼 수 없다고 판단했다. 그리고 함께 제공된 정보에 의하면 소리가 나기 시작할 당시 추웠던 겨울 날씨가 잠시 따뜻해졌다고 했다.

그러나 현장에서 윤무부 교수님을 본 순간, 우리의 예상이 빗나갔다는 사실을 알았다. 윤 교수님 말씀에 따르면 딱따구리 중에는 부리로 쪼는 시간의 간격이 20분의 1초 이내로 빠르게 '따다닥'거리는 종이 있다고 했다. 이런 새들은 높은 나무의 가지에 숨어 쪼아대기 때문에 실체는 안 보이고 소리만 들린다는 것이 아닌가! 아차 하는 마음에 소리공학연구소에 있는 새소리의 데이터베이스와 비교 작업을 즉시 해보니, 교수님의 의견대로 청딱따구리 소리로 판명되었다.

하루는 제주도에서 새소리로 박사학위를 받은 지인으로부터 연락이 왔다. 학위논문의 연구 주제가 '새소리를 들으면 졸음을 예방할 수 있다'였는데 그 이유를 소리공학 측면에서

‖ 마을을 공포로
몰아넣은 청딱따구리.

설명해달라는 내용이었다. 새소리는 사람이 귀로 느낄 수 있는 음대역의 중심에 있고, 리듬 간격이 1초에 0.5~2번 정도로 사람의 심장박동수와 비슷해 듣기에 아주 급하거나 또는 느리지 않다. 조깅을 어느 정도 하고 난 후에 심호흡을 가다듬을 때의 맥박주기인 분당 약 100번 정도의 리듬과 아주 비슷하다.

특히 새의 발성 구조상 안정된 상태로 성대를 지속적으로 떨기가 어려워 소리가 쉬었다가 이어지고 또 쉬었다가 이어지는 반복적인 특성이 나타난다. 또한 소리가 시작될 때마다 톤의 변화도 극명하게 드러난다. 이런 소리를 들으면 사람의

배명진 교수의 소리로 읽는 세상

두뇌는 새소리의 음높이 변화에 신경을 곤두세우면서 관심을 기울이게 되고, 뇌가 자극을 받아 졸음이 사라질 수 있다.

　새소리와 비슷한 톤의 변화는 일상생활 주변에서도 많이 경험할 수 있다. 경찰차가 사이렌을 켜면 '앵' 하는 단순음이 아니라 '앵~앵~앵~' 하는 톤의 변화를 주기 때문에 주변 사람들이 경찰차에 온통 관심을 집중한다. 또 돌고래가 내는 소리에서 '깍깍~'거리는 클릭음보다 '쉭쉬익~' 하는 휘슬음을 들었을 때 배 속 태아의 두뇌가 더 자극을 받아 활동적으로 바뀐다는 실제 사례가 있었다. 휘슬음도 7~15킬로헤르츠의 초고주파인 데다 톤의 변화를 유발하기 때문이다. 즉 사람들은 들리는 소리의 음높이보다는 톤의 변화에 더 민감하여 그 소리에 집중하고 두뇌를 더 많이 쓰게 된다.

　이처럼 소리의 실체를 정확히 알지 못한 상태에서 소리 분석을 하게 될 경우, 무엇보다 선입견을 갖지 말아야 한다. 어떤 소리에 대한 개인적인 생각보다는 소리 음향 분석 결과에만 근거하여 판단해야 한다. 귀로 들리는 소리는 금방 사라지기 때문에 소리를 기록하는 장치를 만들었다는 에디슨의 말처럼, 소리공학자는 먼저 소리를 분석하고 나서 과학적인 근거에 입각하여 소리의 특성을 규명해야 한다는 사실을 보여주는 사례이다.

내가 사랑하는
소리들

나는 소리를 사랑한다. 나를 행복하게 만
드는 소리, 귀찮게 만드는 소리, 편안하게
이끄는 소리, 슬픈 소리, 까칠한 소리, 걱
정스러운 소리 등등, 이 모두를 사랑한다.
하지만 그중에서도 늘 내 마음에 행복한
추억으로 남아 있는 소리가 몇 가지 떠오
른다. 나를 행복하게 하는 소리, 내겐 정
말 특별한 소리들에 대해서 이야기해보려
한다.

낙동강에 울려 퍼진
물풍금 소리

서울의 명소인 청계천 제1구간을 설계하면서 유명해진 김
현선 박사가 임원진과 함께 소리공학연구소를 찾아왔다. 김
박사는 4대강 국책사업의 일환으로 대구 서쪽에 있는 강정
고령보의 건축설계를 맡아 진행하고 있었다. 낙동강의 물줄
기를 가로지르는 강둑(보)을 타원형으로 설치하면서, 보에
12개의 계단을 만들어 우리의 전통악기 가야금 12줄의 형상
을 구현할 예정이라고 했다. 낙동강의 물이 계단을 흘러내려
가면서 아름다운 자연의 소리를 만들기 때문에 계단의 이름
을 물풍금이라 명명했다고 한다. 이 물풍금에서 폭포수처럼
단순한 물 떨어지는 소리가 나오는 것이 아니라, 실제 악기
처럼 선율이 고운 음계가 나올 수 있도록 우리 소리공학연구
소에 관련 장치의 설계를 의뢰하러 방문한 것이었다.

자연적인 파도소리나 바람소리가 마치 악기 연주처럼 독

특한 소리로 들리는 사례는 예전에도 간혹 있었다. 강원도 강릉 하구 영산포에서는 북동풍이 강하게 불어오는 여름이면 해변 방파제에서 윙윙거리며 마치 여성이 애처롭게 흐느끼는 것과 비슷한 소리가 들려온다고 한다. 이곳에는 파도가 세차게 불어오면 방파제가 유실될 수 있어 삼각 시멘트 구조물을 방파제 근방에 설치해놓아 파도의 세기를 완충시키는 역할을 하고 있었다. 우연의 일치로 북동풍의 바람이 파도와 함께 방파제 콘크리트 터널을 통과하면서, 마치 악기의 파이프 관을 통과하는 것과 같은 원리로 특정 음을 가진 소리를 내게 되었다. 이때 여러 갈래의 방파제 사이로 소리가 울리고 한 음계가 아닌 여러 음이 모아지면서 윙윙거리는 구슬픈 울음소리로 들리게 된 것이다.

외국에서도 해변에 파도가 밀려올 때 주변에 설치된 인공 구조물 사이로 악기소리가 들린다는 외신보도를 접한 적이 있다. 그러나 바다가 아닌 강이나 냇가에서 잔잔하게 흘러가는 물의 흐름을 바꾸어 특정 음계를 내는 소리를 구현한 경우는 알려진 바가 없었다. 그래서 우리는 이번 기회에 보의 계단에서 물이 떨어질 때 나오는 폭포소리를 이용하여 음계를 구현하는 이른바 '멜로디 폭포'를 세계 최초로 설계, 제작하여 낙동강에 설치하기로 했다.

폭포에서 물이 떨어질 때는 바닥에 부딪치면서 다양한 소리 음폭이 나오게 되고 이 소리들이 합쳐져서 백색소음을 낸다. 그러나 모든 폭포들이 유사한 소리를 내는 것은 아니다. 분명히 폭포소리는 백색소음이지만, 폭포 뒤쪽으로 병풍처럼 둘러싸고 있는 바위를 비롯한 여러 지형지물의 모습이나 크기가 폭포마다 다르기에 그 울림도 모두 다르게 들린다. 우리 연구팀이 폭포소리를 직접 채집해 분석한 결과, 멋진 물줄기로 유명한 제주도의 정방폭포는 '파' 음을, 무태장어 서식지로 유명한 천지연폭포는 '솔' 음을 내고 있었다. 이를 근거로 우리는 낙동강 보의 12계단에 설치할 물풍금은 각 계단별로 12개의 폭포를 설치하고, 폭포별로 서로 다른 지형지물을 배치하여 다양한 음계가 발생되도록 설계되었다.

멜로디 폭포는 각각의 소형 폭포마다 물이 떨어지는 곳에 수음부가 있고 반대편에는 소리를 크게 만드는 확성부가 있다. 이 수음부와 확성부 사이에는 공명관이 연결되어 있는데 공명관에서 나온 소리는 확성부에서 증폭되어 큰 소리로 만들어진다. 수음부에서는 폭포수의 소리를 좀 더 크게 잡는 방법을 사용했는데, 압전PIEZO 센서를 사용하여 폭포소리를 전기신호로 변환하는 동시에 전기를 발전하여 폭포수의 백색소음을 증폭할 수 있도록 했다. 수음부에서 모아진 백색소음은 각 음계를 걸러내는 필터를 통과하게 되는데, 이때 서로 다른 음계를 만들어내는 필터를 물풍금 구조물의 파이프 길이로 사용했다. 예를 들어 백색소음에서 '도' 음을 걸러내려면 '도' 음에 맞는 길이의 공명관, 즉 적절한 파이프 길이가 필요하다. 수음부에서 확성부까지는 콘크리트 배관을 통해 파이프로 연결되는데, 그 파이프 내부에 서로 다른 길이와 폭을 갖는 3단 공명관을 넣어 특정 음계만 걸러내도록 설계한 것이다.

그러나 문제는 계단별로 각각의 음계가 걸러져 나오면 소리가 약해진다는 것이었다. 소리가 약하면 수음부에 물 떨어지는 소리에 가려져 해당 음계를 인식하기 힘들다. 그래서 필요한 것이 확성부이다. 확성부에서는 공명관에서 울리는 소리를 3단 나팔모양의 혼horn을 사용하여 평균 90데시벨 이상으로 커지게 만들었다. 12개의 음계가 동시에 소리를 내게되면 멀리서 들을 때 소리가 함께 울려서 백색소음으로 느껴진다. 따라서 시차를 가지고 음계 공명관을 열었다 닫았다 하는 조절기가 필요하여 설치했다. 이 조절기로 장단이나 리듬을 조절하여 음악을 연주할 수 있게 했다.

그러나 이를 낙동강에 바로 설치할 경우 콘크리트 구조물이어서 추후 변형이나 수정이 어려워질 수 있기에 우리는 캠퍼스에 넓이 12미터, 폭 3미터의 크기로 모형을 만들어 실제 작동 가능성을 점검하기로 했다. 12개의 폭포마다 수음부, 공명부, 확성부 등을 별도로 만들었기 때문에 낙동강 설치비의 20퍼센트 정도가 모형 제작에 소요되었다. 또한 몇 달 후에는 다시 해체될 것이라 낭비적인 요소가 있었지만 물풍금에 대한 실제 구현 가능성을 확인하기 위해서는 반드시 필요

‖ 숭실대학교에 설치된
멜로디 폭포이다.

한 작업이었다.

　드디어 학교 캠퍼스 안에 물풍금 모형이 완성되어 시연회
를 개최했다. 그러나 아쉽게도 모형 물풍금에서는 유럽의 오
래된 성당에서나 들림직한 파이프 오르간처럼 조금은 기괴
한 소리가 흘러나왔다. 템포도 느려 다양한 장르의 음악을
연주하기에는 튜닝이 더 필요한 상황이었다. 공명관을 PVC
파이프에서 금속관으로 바꾸고 공명관을 여닫는 기계적인
밸브를 IT 제어식으로 교체하고 나니, 소리가 맑아지고 템포
도 빨라지면서 비로소 제대로 된 음악 연주가 가능해졌다.

　그로부터 얼마 후 우리 연구팀은 낙동강에 멜로디 폭포를
설치하기 위해 차로 5시간을 달려 강정 고령보에 갔다. 그곳
엔 12계단의 보와 함께 100여 미터 떨어진 거리에 거의 평
행으로 교각과 다양한 수력발전 설비, 원형 조형탑이 아름답

게 설치되어 있었다. 이곳은 낙동강과 금호강이 만나는 지역이라 강폭이 넓고 웅장했다. 우리는 12개의 폭포마다 미리 제작해서 가져온 장치들을 설치했다. 수음부에는 직경 30센티미터의 공명부 구멍이 뚫려 있어서 행여 동물들의 서식지가 될지 모른다는 우려에 원형의 쇠 그릴로 입구를 마감했다. 또한 확성부는 직경 1.5미터의 PC(폴리카보네이트)를 덮어 방수효과를 내어 물이 흐를 때 생길 수 있는 침수에 대비했다. 드디어 보의 계단에 물이 흘러내려 가면서 물풍금이 소리를 내기 시작했다. 공명밸브를 자동 조절하자 빠른 템포로 동요와 가곡을 연주하기 시작했다. 〈그 집 앞〉, 〈보리밭〉, 〈비행기〉, 〈나비야〉, 〈루돌프 사슴코〉 등 우리 귀에 익은 멜로디가 거침없이 흘러나왔다.

100여 미터 떨어진 교각 위에는 방문객이 많았는데 그곳에서도 소리가 뚜렷하게 잘 들렸다. 45도 경사로 기울어진 계단에서 물풍금 소리가 울려 퍼지니 교각을 향해서 최단거리로 전달되었던 것이다. 그러나 낙동강의 물이 넘칠 정도로 수문을 많이 열면, 폭포수의 백색소음이 너무 크게 들리게 되고, 멜로디 폭포의 소리는 잘 들리지 않는다는 새로운 문제점이 있었다. 물이 계단을 따라 많이 넘치게 되면, 수음부에 달아놓은 쇠 그릴에 물이 흐르면서 수막을 형성하여 소리가 나올 수가 없어 소리의 크기가 절반 이상 감소했던 것이다. 이를 해결하기 위해 각 계단에 폭포를 이루도록 설치한

수음부 상단에 눈썹 모양의 물 넘침 방지 벽돌을 설치했고, 쇠 그릴 상단에는 15센티미터의 폭으로 수막을 차단하는 PC 덮개를 장착함으로써 수막 현상을 제거할 수 있었다.

4대강 국책사업의 일환으로 개발된 낙동강의 고령 강정보 는 규모가 전국에서 단연 으뜸이고, 각종 시설물 설계에 아름다움이 더해져 찾는 사람이 아주 많다. 이 보는 타원형으로 설치되어 있는데 가야금 12줄에서 영감을 얻은 12개의 구조물이 계단식 강둑을 이루고 있어 조형미가 특히 뛰어나다. 무엇보다도 이곳에는 세계 최초로 음계 소리가 나는 멜로디 폭포가 설치되어 있다. 물이 흐르면 소리가 한꺼번에 나오지 않고, 내부의 공명밸브를 연주곡의 리듬과 음계에 맞춰 순차적으로 열어 소리가 나므로 맑고 고운 소리가 끊임없이 들려온다. 정말 아름다운 소리이다. 시간을 내어 가족과 함께 낙동강 고령 강정보를 방문하여 100미터 길이의 웅장한 물풍금에서 들려오는 연주를 직접 듣고 체험해보는 시간을 가져도 좋을 듯하다.

웃음소리의
비밀

싸이의 〈강남스타일〉이 한국뿐만 아니라 전 세계를 들썩이게 만들었다. 유튜브 조회수 3억 건을 가장 단시일에 달성했다는 엄청난 기록과 한국인으로는 최초로 빌보드 차트 2위 진입, 소속사의 주가급등 등 수많은 통계수치와 기록들이 싸이의 대단한 성공을 말해준다. 방송과 신문, 그리고 개인들까지도 싸이의 성공 요인에 대해 분석하고 설명도 했지만 막상 싸이 자신은 이 모든 것이 "사람들을 웃게 만들었기 때문"에 시작되었다고 말하고 있다.

그렇다. 결국 키워드는 '웃음'이다. 점잖아 보이는 사람들조차 싸이를 따라 말춤을 추게 만드는 것도 웃겨서이고, 웃을 수 있기 때문이고, 웃기 위해서이다. 이렇듯 인종과 나이, 성별을 막론하고 전 세계 모든 사람들이 공유하는 감정 중 첫 번째 공통분모는 웃음이다.

웃음이 건강에 미치는 영향에 대해서는 많은 이야기들이
있었다. 하지만 무엇보다도 웃음은 쉽게, 그리고 공짜로 얻
을 수 있는 만병통치약이라는 사실이 중요하다. 이 약은 스
트레스나 통증, 갈등이나 분노까지도 치유하는 큰 힘을 가지
고 있다. 웃음이 갖고 있는 치유의 힘은 심리적인 효과에 머
무르지 않고, 실제로 화학적 반응을 일으켜 우리 몸에 좋은
물질을 만들어낸다고 한다. 웃음은 평소에 쓰지 않던 근육을
쓰게 하고 온몸의 긴장을 풀어주는 동시에 엔도르핀이라는
좋은 호르몬을 만들어 스트레스와 통증을 줄여준다. 또한 혈
액순환을 활발하게 하여 튼튼한 심장을 만들고, 티세포T-cell를
비롯한 여러 좋은 물질을 생성해 우리 신체의 면역체계를 강
화시킨다.

게다가 한 사람이 웃으면 옆에 있는 많은 사람도 함께 웃

게 되는 웃음 바이러스까지 전파하니 얼마나 효과가 대단한 약인가! 사실 바이러스에는 웃음소리 외에도 나쁜 균을 옮길 수 있는 기침소리, 코 푸는 소리, 재채기소리 등 다양하다. 그러나 웃음소리는 이 모든 소리보다 훨씬 더 전염성이 강한 소리성분을 갖고 있다. 웃다 보면 입을 크게 벌리게 되는데 특히 위아래보다 옆으로 자주 벌리게 되므로 공명이 더 많이 발생하여 일반적인 말소리와는 다른 특별한 소리성분을 만들어낸다.

‖ 원숭이와 같은 동물들도 웃는다.

소리의 세 가지 특성으로 나누어 웃음소리를 분석해보자. 먼저 소리의 크기는 평상시의 말소리보다 크다. 특히 파열성인 웃음소리는 입을 크게 벌린 상태에서 발성되므로 자연히 큰 소리가 난다. 두 번째 특성인 주파수 측면에서는 제1, 제2공명음이 두드러지게 나온다는 사실이다. 배음이 다양하게 나타나면 부드러운 소리가 되는 반면 제1, 제2공명음이 두드러지면 아주 경쾌하고 맑은 소리가 나오게 된다. 마지막으로 소리의 지속 시간에 있어서는 평균 0.5초 주기로 목젖을 스치는 소리가 나면서 점점 빨라지게 된다. 웃는 사람은 자신의 소리 리듬을 스스로 느끼면서 웃게 되므로 기분이 좋아진다. 특히 소리의 연상기억 작용은 웃음소리를 내는 순간에도 과거 행복하게 웃었던 기억을 떠올리게 만든다. 그래서 더 행복해지고 그 소리를 듣는 사람에게도 행복한 순간을 떠올리게 하여 따라 웃게 만든다.

누군가 나를 웃겨주기를 기다리기엔 우리의 삶이 너무 짧다. 싸이의 또 다른 노래가 웃음을 주기를 기다리거나, 다른 사람의 호탕한 웃음을 듣고서야 웃기보다는 나 자신의 정신적, 육체적 건강을 위해서 스스로 자주 웃어야 한다. 이를 위해서는 연습이 필요하다. 미소 짓기부터 호탕한 웃음까지 웃는 연습을 자주 하고, 일단 주변에서 웃음소리가 들리면 그곳으로 가까이 다가가 웃는 이유를 함께 공유하는 것도 좋은 방법이다. 사람은 웃을 때 폐에 공기를 모으고 목이나 입안에서 공명을 만들어 웃음소리를 내기 때문에 한 번에 길게 웃지 못한다. 그러니 짧게 끊으면서 여러 번 웃어보는 것도 좋은 방법이다.

웃음소리의 매력이 바로 여기에 있다. 소리를 듣기만 하는 것이 아니라 스스로 소리를 내야 효과를 볼 수 있다. 평상시에 두 개의 귀와 한 개의 입을 가지고 말하기보다 많이 들으려 애쓰고 있다면 웃을 때만큼은 마치 한 개의 귀와 두 개의 입을 가진 듯 힘차게 웃어보자. 지금 이 순간 그 어떤 소리보다 내게, 그리고 나와 함께 있는 사람에게 필요한 소리는 바로 웃음소리인지도 모른다.

스위트스폿에서 들리는
감미로운 소리

우리에게 필요한 소리가 웃음소리라면 우리를 유혹하는 소리가 따로 있을까? 공을 사용하는 운동을 즐기는 사람이라면 스위트스폿sweet spot이라는 용어를 잘 알고 있을 것이다. 공이 골프클럽이나 야구배트의 스위트스폿에 맞았을 때 나오는 소리는 단순히 감미로움의 차원을 넘어 신체의 건강과도 직결되는 좋은 소리이다.

　우리가 생활하는 곳이면 어디에나 소위 명당자리가 있기 마련이다. 사람들이 가장 많이 찾는 영화관에서 관객에게 가장 풍요롭게 오감을 자극해주는 명당은 어디일까? 언젠가 TV 아침방송에서 영화관의 가장 좋은 객석 위치를 찾아달라는 부탁을 받고, 마네킹처럼 생긴 바이노럴 장비를 이용해 소리를 측정하고 그 결과에 대해 인터뷰한 적이 있었다. 분석 결과, 영화관에서의 명당은 무대 중앙에서 객석을 바라봤

을 때, 좌우의 중앙이면서 아래쪽에서 위쪽으로 3분의 2 정
도 위치였다. 이곳에서는 화면도 탁 트이게 보이고 소리도
상하좌우의 입체음향을 잘 느낄 수 있어 영화를 관람하기에
는 최적의 장소였다.

　마찬가지로 어떤 물체이든지 타격을 가했을 때 가장 좋은
소리가 나오는 곳이 있는데 이를 스위트스폿이라고 한다. 일
반 야구배트의 경우 스위트스폿은 야구공을 치는 부분 중 맨
아래쪽에서 위로 약 10~15센티미터의 위치에 있다. 이 위
치에서 공을 타격하면 짧고 경쾌한 소리가 들리는데 다른 부
위에 맞았을 때보다 훨씬 더 달콤한 소리로 들린다.

　실제로 야구공이 스위트스폿에 맞았을 때 배트에서 나오

배명진 교수의 소리로 읽는 세상

는 소리를 분석해보니 맑고 경쾌한 고주파음이 많았고 소리의 지속 시간은 다른 타점에 비해 반 이하로 짧아지는 것을 볼 수 있었다. 즉 스위트스폿에서는 다른 곳보다 훨씬 경쾌하고 맑은 소리가 나오는 것이다. 반대로 공이 다른 부분에 타격되면 저음의 진동이 배트에 오랫동안 잔류하게 되고 결과적으로 타자는 왠지 모르게 기분이 나빠지거나 심하면 손목 관절에 이상을 초래하기도 한다.

스위트스폿이 중요한 또 하나의 예는 종소리에서 찾아볼 수 있다. 새천년을 맞이하던 시기, 종소리에 대한 사회적 관

|| 스위트스폿을 타격할 때 나오는 소리는 선수와 관중 모두에게 경쾌함을 느끼게 한다.

심이 높아지자 우리는 에밀레종의 소리를 정밀하게 분석하기로 했다. 경주박물관에 있는 종각에 3.75미터의 높이와 18.9톤의 웅장함으로 걸려 있는 에밀레종은 종의 하부 배꼽 부분에 종을 치는 당좌가 두 곳으로 나뉘어져 있고 그곳에는 아름다운 무늬가 새겨져 있다. 많은 대종 제작자들이나 종소리 연구가들은 보고서를 통해 에밀레종의 무게 중심이 이 당좌점에 모아지므로 당목으로 타격했을 때 가장 우렁찬 종소리는 바로 이 당좌에서 나온다고 말하고 있다.

그런데 에밀레종을 타종하는 모습을 유심히 살펴보니 종지기가 당목을 잡고 당좌 부위를 치다가 넘어지는 일이 여러 번 있었다. 또한 내가 판단하기에는 주변이 시끄러우면 우렁차기로 유명했던 종소리가 아주 빈약하게 울려나왔다. 물론 종을 치는 당목이 오래되어 갈라지고 말라비틀어져 타격 부위에서부터 당좌까지 힘이 제대로 전달이 안 된다는 지적도 있었지만, 나는 그 원인을 에밀레종의 스위트스폿이 지금의 당좌 부위가 아니라는 점에서 찾았다.

에밀레종의 하부를 유심히 살펴보면 당좌무늬 아래 끝부분에 종의 아랫도리를 빙 돌면서 8개의 둥근 당초무늬가 새겨져 있음을 발견할 수 있다. 이 중에서 몇 개는 심하게 훼손되어 무늬를 잘 알아볼 수 없을 정도인데, 이는 에밀레종이 지금의 경주박물관 자리로 옮겨지기 전 중앙시장 통로에 걸려 있던 당시 아침저녁 종을 치던 종지기들이 당좌 부위가

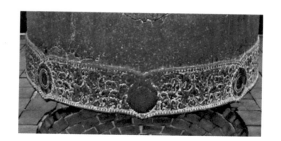

|| 에밀레종의 당좌
아랫부분은 당초무늬가
심하게 훼손되어 있다.

아닌 바로 이 당초 부위를 주로 쳤기 때문이다.

　종에서의 스위트스폿은 동일한 힘으로 타격했을 때 종소리가 가장 우렁차고 아름다운 소리를 내는 곳이다. 스위트스폿을 타격하면 그 힘이 종에 잘 전달되기 때문에 달콤하고 유혹적인 종소리가 들린다. 당시 중앙시장의 종지기들은 에밀레종을 칠 때 지금의 당좌 부위가 아닌 종의 가장 아랫도리인 당초무늬 부근을 치면 종소리가 가장 좋다는 사실, 즉 에밀레종의 스위트스폿이 당초 부위라는 사실을 잘 알고 있었던 것이다.

　이러한 사실은 소리공학연구소의 타종 실험에서도 입증되었다. 십여 개 종들을 걸어놓고 각각의 종들을 위에서부터 아래로 5센티미터 간격으로 내려오면서 동일한 힘으로 타종한 후 종소리를 분석했다. 그 결과 모든 종이 하부의 테두리 부근에서 가장 맑고 우렁차며 오랜 여운을 남기는 소리를 낸다는 것을 확인할 수 있었다. 종을 치면 소리가 종벽 내부를 따라 위아래로 전달되는데, 위로 올라간 소리는 종의 상부에서 모아져 소리떨림이 최소한으로 상쇄되고, 하부로 내려온 소리는 종의 테두리를 따라 빙빙 돌면서 긴 여운을 내기 때문이다. 그래서 종소리는 하부를 도는 소리 때문에 멀어졌다 가까워졌다 하는 맥놀이 현상을 나타나면서 긴 시간 여운을 남긴다. 이 때문에 종소리를 녹음할 때는 스테레오사운드로 녹음해야만 재생 시 제대로 들을 수 있다.

종소리와 마찬가지로 골프, 테니스, 야구 등과 같은 스포츠에서도 공이 클럽이나 라켓, 배트의 스위트스폿에 맞아야 달콤하고 유혹적인 소리를 들을 수 있다. 이때 타격의 힘은 대부분 공의 운동에너지로 바뀌면서 배트에 남아 있지 않게 되어 공을 치는 사람의 팔이나 손목에 무리한 힘이 가해지지 않는다. 이제부터 스포츠를 즐길 때는 스위트스폿에서 들리는 달콤한 소리를 들으며 승리의 기분을 함께 만끽해보면 어떨까.

잡음이 있어 따뜻한
아날로그 소리

젊은 사람들 중에는 LP판을 한 번도 본 적이 없는 이도 있을 것이다. LP판은 깨지기 쉬운 탄소재질로 된 원형의 얇은 판에 가늘고 긴 줄이 촘촘하게 새겨져 있는 음반이다. LP판의 크기는 음반의 직경으로 구분하며, 턴테이블이라 불리는 회전기에 LP판을 올려놓고 1분에 33회전 또는 45회전 시킨다. 이때 턴테이블 카트리지에 달린 바늘이 LP판의 긴 줄을 따라 돌면서 각각의 줄이 패여 있는 높낮이에 따라 마이크 진동판을 울려 소리가 나온다. LP판을 통한 재생은 소리를 축약시켜 음반에 담은 초기 에디슨의 축음기 방식이며, 소리의 진폭을 긴 줄에 그대로 수록한 아날로그 파형 저장방식을 사용한다.

LP판의 원리가 이러하니 음악을 몇 곡 듣다 보면 바늘이 무뎌져 소리의 진폭을 잘 따라가지 못하기도 한다. 고음은

줄고 저음 위주로 음악이 재생되어 왠지 모르게 답답함이 느껴진다. 또한 간혹 바늘이 제대로 돌지 못해 옆줄로 튀어버려 불연속 또는 반복 재생이 나타나기도 한다. 그리고 턴테이블이 회전하다 보면 회전체의 불균형으로 인해 '와우~ 와우~' 하는 잡음이 들리기도 하고, 때로는 턴테이블의 바늘이 회전 위치별로 다르게 쏠림으로 인한 무게 차이 때문에 '사그락~ 사그락~'거리는 소음이 더해지기도 한다. 게다가 턴테이블의 회전 속도는 오로지 기계적인 원심력에 의존하기 때문에 일정하게 회전할 수 없어 음악을 재생하는 속도, 즉 곡의 빠르기가 제각각일 수밖에 없다. 그런데 신기하게도 잡음이 묻어나고 음질이 열악함에도 불구하고 LP판을 좋아하는 마니아층은 점차 늘고 있는 추세라 한다.

몇 년 전 지방의 한 TV 프로그램에서 LP판과 CD를 통해 음악을 들었을 때의 근력을 비교 측정하여 방송한 적이 있었다. LP판의 음악을 들려주고 무거운 것을 들게 했더니 동일한 음악을 CD로 들려주었을 때보다 덜 힘들어한다는 모습을 실제 사례와 함께 방송한 것이다. 그것을 본 시청자들은 놀라운 일이 벌어졌다고 신기해하면서 정확한 분석이나 근거도 없이 LP판 음악을 들으면 힘이 솟구치고 CD로 들으면 정력이 약해진다고 생각하기도 했다. 약간의 의심을 하거나 과학적인 분석을 필요로 하는 사람들은 CD의 음질이 디지털이라는 것에 근거하여 음악을 재생할 때 함께 들릴 수 있는 디지털 잡음이 인체에 해롭게 작용하여 피험자의 근력을 약하게 만들었을 것이라고 추론하기도 했다.

우리 연구팀은 과연 LP와 CD에서 재생되는 소리의 효과가 실제로도 서로 다른 것인지를 밝혀보기로 했다. 먼저 동일한 음악이 녹음되어 있는 LP판과 CD를 몇 가지 골랐다. 각각을 재생하여 100명의 피험자에게 헤드폰으로 들려주면서 10킬로그램의 쌀자루를 들어보라고 하는 실험을 수차례 반복했다. 그랬더니 과연 LP보다

CD를 통해 음악을 들었을 때 피험자의 63퍼센트가 쌀자루를 들기가 힘들었다고 대답했다. 그 원인이 디지털 음질 때문인지 아니면 다른 잡음 때문인지를 좀 더 살펴보기 위해 CD에 폭포소리, 즉 백색소음을 섞어 다시 실험을 진행했다.

백색소음은 모든 음높이의 잡음을 전부 포함하고 있다. CD 음악에 백색소음을 약간(SNR=30데시벨, 여기서 SNR이란 신호 대 잡음 비율을 말한다. 잡음전력 대비 신호전력의 세기를 살펴봄으로써 상대적인 신호전력의 크기를 나타내기 위한 것이다) 섞어 피험자에게 들려주었더니 놀랍게도 LP와 동일한 근력을 회복하는 것이 아닌가? 문제는 CD를 재생했을 때 음질이 너무 맑고 깨끗한 데서 비롯되었다. 인간의 다섯 가지 감각 중에서 청감에만 너무 집중하다 보니 상대적으로 나머지 다른 감각에 힘을 분산하지 못했기 때문이었다. 결국 CD로 음악을 들었을 때 근력이 떨어지는 것이 아니라, 청감을 제외한 다른 감각이 무뎌지면서 무거운 쌀자루를 들어 올릴 때 힘이 더 든다고 느껴진다는 결론에 도달했다.

한편 LP판이 CD의 음질보다 정감이 느껴져 이를 더 선호한다는 응답이 70퍼센트 이상이라는 조사 결과도 있었다. 그래서 우리는 같은 음악에 대해 CD와 LP 음질의 소리성분을 비교해보았다. LP의 소리 스펙트럼에서는 중음과 고음 영역의 여러 구간에서 나오지 말아야 할 잡음 스펙트럼이 나타나고 있었는데, 그것은 우리가 LP로 재생된 음악을 듣고 있는 환경에서 울리는 반사음이나 실내에서의 통울림 같은 잡음 소리성분이었다. 평소에 전축을 통해 음악을 들으면 주변의 생활환경 잡음도 함께 들리기 때문에 배경잡음에도 정감과 친근함을 느끼는 반면, CD로 재생되는 음악을 헤드폰으로 들으면 넓은 음폭으로 어떤 잡음도 없이 아주 맑고 깨끗하게 들리는 대신 정감은 별로 느끼지 못한다.

그래서인지 요즘은 LP판을 찾는 마니아가 더 많아졌다고 한다. 더 나아가 전축도 IC회로로 만든 것보다 진공관식을 더 선호한다고 한다. 진공관식 앰프는 전기가 많이 소모되고, 히터로 인한 발열로 부피가 커진다는 단점이 있다. 그러나 초보적 기술만 있으면 만들 수 있고 소리의 음질이나 볼륨의 크기가 비교적 우수하다는 특징이 있다. 또한 그와 같은 소리환경에 길들여진 사람들은 여전히 진공관식 앰프와 LP판을 찾는다. 하지만 첨단 IC로 만든 오디오전축은 진공관식 LP 전축에 비해 음질, 휴대성, 부피, 무게 등에 있어 비교할 수 없을 정도로 우위에 있다는 점은 분명하다.

우리가 살고 있는 아날로그 세상은 아무리 청결해도 환경 잡음의 영향을 받고 잡음이 있는 그 자체가 우리의 삶이 되고 있다. 그래서 우리는 사이버 세상과 다른 아날로그 세상에서 인간미와 정감을 느끼는지도 모른다.

사랑하면
목소리도 닮아요

사람의 목소리는 모두 다르다. 목소리의 공명 현상과 성대의 떨림에 근거하여 성문 분석을 해보면 성별은 물론이고 체형이나 말투, 혹은 성격까지도 알아낼 수 있다. 살아온 세월의 모습이 목소리에 그대로 담겨 있기 때문이다. 그래서일까, 함께 살다 보면 목소리도 닮는다고 한다.

목소리는 사람의 마음, 즉 뇌에서 출발하여 조음기관을 통해 발성된다는 원리에 착안하여 우리는 목소리를 통해 마음을 읽는 연구를 수행했다. 사람이 살아가면서 구축한 나름대로의 생활방식과 독특한 성격이 목소리에 나타나는데, 함께 살고 있는 두 사람의 목소리를 측정하여 공통점을 찾아냄으로써 실생활에 활용할 수 있는 '목소리 친화도 판별기Voice Friendship Monitor'를 세계 최초로 개발한 것이다.

사람의 목소리는 성대의 떨림과 구강이나 비강에서의 공

배명진 교수의 소리로 읽는 세상

명 현상에 의해 발생한다. 성대의 떨림은 허파에 모인 공기를 내뿜을 때 공기를 여닫는 작용을 하지만 기분에 따라 그 상태와 속도가 변한다. 공명 현상 역시 기분에 따라 입을 크게 또는 작게 벌리게 되고 혀 놀림도 서로 달라 결국 공명 현상도 다르게 얻어진다. 목소리에서 공명 현상, 성대 떨림의 정도와 변화를 통해 발성자의 현재 기분과 성격까지 파악할 수 있다.

목소리 친화도 판별기는 동일한 문장을 부부에게 읽게 한 후 문장에 나타난 각각의 목소리 특성을 분석하여 닮은 정도를 백분율로 수치화하여 알려주는데, 이 수치로 부부간의 금실 정도를 파악할 수 있다. 부부 350쌍의 목소리 데이터에 근거하여 수치화한 결과, 친화도가 90퍼센트를 넘으면 잉꼬부부라고 볼 수 있고 80퍼센트가 넘으면 좋은 편이며 60퍼센트 이하로 나타나면 별거할 정도로 사이가 좋지 않다고 판단하도록 통계적 기준을 설정했다.

사람이 문장을 말하면 조음기관인 턱, 혀, 치아, 입술 등의 변화가 음성파형에서 진폭 모양의 변화로 나타난다. 파형의 변화는 시간이 지나면서 천천히 곡선을 이루며 나타난다. 이때 진폭의 변화를 분석하면 발성자의 입 크기, 목소리 크기, 목 굵기 등의 신체 정보도 간접적으로 파악할 수 있다. 또한 이 스펙트럼은 평소의 생활 습관, 성격 등을 규명할 수 있을 만큼 풍부한 자료를 제공한다.

이때 목소리 성문 스펙트럼을 짧은 시간마다 측정하여 비교하면 목소리 친화도를 판별할 수 있다. 실제로 금실이 아주 좋은 결혼 22년차 부부의 성문 스펙트럼을 비교해보니 주파수별 성문의 밝기가 아주 유사했는데, 친화도 역시 95.4퍼센트로 나타났다. 결혼한 지 1년 6개월이 지난 어느 부부의 경우에는 친화도 측정 결과 64.1퍼센트 정도로 낮게 나왔는데 실제로 부부 관계가 별로 좋지 않았다. 남편의 공명 주파수는 300~2,800헤르츠로 넓게 퍼져 있는 반면, 부인의 경우 200~1,800헤르츠로 좁은 대역을 차지하고 있었다. 두 사람의 생활 습관이나 성격이 목소리에서조차 서로 다르게 나타나 목소리 친화도가 낮게 얻어진 결과로, 교감을 나누기 위한 서로의 노력이 절실히 필요한 경우이다.

목소리 친화도 판별기는 부부뿐만 아니라 가족 간의 친화 정도를 알아보는 시스템으로도 활용할 수 있다. 부자, 부녀, 모자, 모녀, 자매, 형제 간에도 어느 정도로 마음이 잘 맞는지 백분율의 수치로 나타내준다. 특히 결혼을 앞둔 예비 부부에게 막연한 추측이나 점성술과 같은 예언적 추측이 아닌 과학적 분석에 근거한 구체적인 수치로 알려줄 수 있다.

이 기술을 활용하면 미혼자나 청춘남녀가 목소리로 친밀하게 화합할 수 있는 배우자를 찾는 것도 가능하다. 현재 우리가 보유하고 있는 남녀 목소리 데이터를 활용해, 자신의 발성에 어울리는 남녀를 찾을 수 있는 것이다. 실제로 이 실

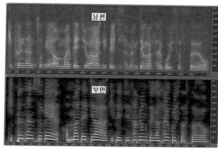
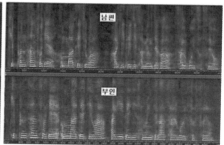

‖ 결혼 1년 6개월 된 부부는 친화도가 64.1퍼센트(좌)이지만, 22년차 부부는 무려 95.4퍼센트(우)에 달한다. 아래 그림은 목소리 친화도 판별기를 통한 분석 모습이다.

험에 참여한 400여 명의 대학생들에게 이상적인 배우자의 목소리를 찾아서 들려주자 97.4퍼센트 이상의 피험자들이 자신이 들은 목소리가 마음에 와 닿는 목소리라고 긍정적으로 답했다.

이처럼 목소리 친화도는 남녀노소를 불문하고 함께 살고 있는 사람들 사이에 상호관계를 향상시킬 수 있는 기회를 제공한다. 소리공학의 궁극적 목표가 결국은 소리를 과학적인 기술과 접목시켜 우리 생활을 이롭게 만드는 것인 만큼, 목소리 친화도 판별기는 의미 있는 시도라고 생각한다.

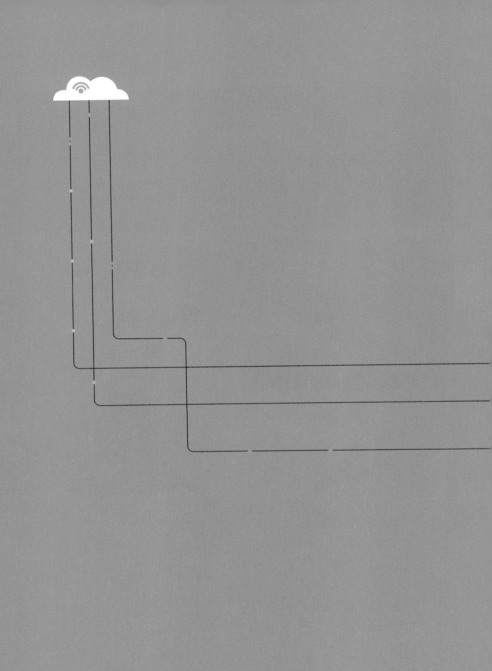

3부

미래의 소리와
소리공학 세상

우리를 행복하게 만드는
소리를 찾아서

나는 반세기가 넘는 세월을 소리와 함께 살아왔다. 소리에 관심을 갖기 시작하면서 소리는 나와 늘 함께 있었고 종류, 크기, 전달되는 경로, 또는 전달하고자 하는 정보까지 소리로 할 수 있는 일들도 너무나 많고 다양하다는 것을 시간이 갈수록 더 절실히 깨닫고 있다.

우리의 삶 속에는 여러 가지 소리가 있지만 그중에서도 내게, 혹은 모든 사람들에게 아주 소중하고 꼭 필요하기 때문에 지금도 그렇지만 앞으로도 계속 내가 꿈꾸어나갈 소리를 고르라면 과연 어떤 소리를 말할 수 있을까? 나를 편안하게 해주는 소리, 사람들에게 도움이 되는 소리, 그리고 나와 모든 사람들의 평생 건강을 지켜주는 소리이다.

누구나 혼자이고 싶은 시간이 있다. 그렇게 가끔은 닫아버리고 싶을 때가 있다. 문을 닫아 혼자만의 공간을 만들고 싶고, 눈을 닫아 무언가를 보는 것보다 생각하는 것이나 들리는 것에 더 집중하고 싶고, 귀를 닫아 고요와 정적을 누리고 싶을 때가 있다. 문을 닫거나 눈을 닫는 것은 쉽게 할 수 있지만 귀를 닫는 것은 어려운 일이다. 아무리 성능이 좋은 귀마개를 한다 해도, 혹은 완벽한 방음시설에 들어간다 해도 귀는 열려 있어 곳곳에 숨어 있는 소리를 찾아낸다. 객관적인 연구 결과는 찾지 못했지만 귀를 막으려 하면 할수록 청감은 오히려 더 민감해지는 것이 아닌가 싶을 정도로 우리 귀에는 끊임없이 다양한 소리가 들린다.

귀를 닫는 것이 힘들다면 들려오는 소리가 내 귀, 그리고 사람들 귀를 편안하게 만들 수 있는 방법은 없을까? 아마도 우리에게 가장 필요한 것은 작은 소리로 시작해 점점 심해지면 견디기 힘들어질 뿐 아니라 생활까지 피폐해지는 생활소음, 층간소음, 환경소음을 줄이는 일일 것이다.

소리공학 기술을 사용하여 이러한 소음 자체를 줄이는 연구가 최근 주목받고 있다. 생활소음이나 층간소음은 스트레스가 많은 현대인의 정신건강에 악영향을 미치고 있는 만큼 앞으로 발전적인 연구가 진행되어야 할 분야이다. 예를 들어 현재 우리 연구소에서는 가습기 회사와 산학협력 연구를 진행하면서 생활가전 제품의 소음을 줄이는 연구를 하고 있다.

운동 경기장에서 나오는 함성으로 인해 주변 아파트 단지 주민들이 피해를 입는 경우가 많다. 이때 운동장에서 발생하는 소음을 줄일 수 있도록 반대편에서 역소음을 쏘는 방법이나 소음을 다른 곳으로 유도하는 장치나 시설 등의 개발도 추진 중이다. 우리 연구소뿐만 아니라 다른 기관이나 연구소에서도 소음을 줄이는 연구가 많이 진행되고 있으니 앞으로 소리공학의 연구는 소음제거, 혹은 소음감쇄에 대한 방향으로 계속 나아갈 것으로 보인다.

사람들에게 소음을 대체할 수 있는 편안한 소리를 들려주는 것도 한 방법이 될 수 있다. 이 책을 읽은 독자들은 자연의 소리, 혹은 백색소음의 효과에 대해서 이미 잘 알고 있을 것이다. 소리공학연구소의 홈페이지에는 백색소음 자료가 올려져 있으니 필요할 때 도움을 받을 수 있다. 인위적으로 만든 백색소음이 아니어도 여행지에서 들을 수 있는 폭포소리, 파도소리, 바람소리 등의 자연의 소리를 녹음해보면 어떨까? 심신이 힘들 때나 정신집중이 필요할 때마다 녹음된 소리를 들어 내 마음을 편안하게 만들고 귀에 거슬리는 소음을 줄일 수 있다.

그러나 한 가지 염두에 둘 것은 소음의 기준은 지극히 주관적이라는 것이다. 내게 도움이 되지 않는 소리가 바로 소음이다. 아무리 좋은 소리여도 지나치게 오래 지속되거나, 잔소리나 욕설처럼 내가 좋아하지 않는 내용이 들어 있거나, 너무 높거나 혹은 너무 낮아 잘 들을 수 없는 소리이거나, 짜증이 나 있는 상황에서 듣는다면 그 소리는 시끄러운 소음이 되어버리고 만다. 가령 자연의 소리를 들을 때보다 내가 좋아하는 사람의 웃음소리를 들을 때 더 편안해질 수 있다. 같은 자연의 소리여도 물소리보다는 바람에 휘날리는 나뭇잎의 소리가 내겐 더 좋을 수 있다. 간혹 운동장의 함성소리나 경쾌한 노랫소리가 기운을 더 북돋아줄 수도 있다. 귀여운 아이들의 웃음소리가 청량음료보다 훨씬 더 시원할 수 있다.

　이제 내 귀를 닫을 수 없다면 내 귀를 더 활짝 열어 주변을 한번 살펴보자. 그리고 내가 좋아하는 소리, 나를 편안하게 해주는 소리는 무엇인지 찾아보자.

우리 삶에 도움이 되는
소리공학

소리공학의 목표는 소리와 관련한 분야에서 사람들에게 도움이 되는 기술을 개발하는 데 있다. 이를 위해서는 우리에게 도움이 되는 소리를 찾아야 한다. 편안하다고만 해서 모든 일에 도움이 되는 것은 아니다.

각 개인이 고유하게 가지고 있는 특성, 즉 정체성을 식별하기 위한 대상으로는 손가락 지문이나 안구의 홍채, 목소리 등이 있다. 그중에서도 목소리는 개인의 성별, 키, 체격 등의 신체적 조건뿐만 아니라 성격이나 나이, 건강상태까지도 예측할 수 있게 해준다. 그만큼 목소리는 개인에 대한 중요한 정보를 제공해주므로 목소리를 잘 분석할 수 있는 소리공학 기술을 개발하면 범죄수사나 보안과 관련된 정보, 사람 찾기 등 여러 분야에서 활용할 수 있다.

우리 연구소에서도 사람의 목소리로 개인의 상태를 분석

하여 유용한 정보를 주는 여러 가지 프로그램에 대한 연구 개발을 진행 중이다. 현재 진행하고 있는 연구 중 하나를 소개하면 사람의 목소리를 분석해 음주 여부를 판별하는 프로그램이 있다. 오늘날 음주운전은 비단 도로상에서만 문제를 일으키는 것이 아니다. 항공기나 선박에서도 음주로 인한 사고 건수가 해마다 증가하고 있는 추세이다. 특히 선박은 음주 여부를 측정하는 방법에 한계가 있기 때문에 단속에 어려움이 많다.

음주를 한 사람이 보이는 특징은 여러 가지가 있지만 그중에서도 목소리가 가장 큰 변화를 보인다. 그렇다 해도 통신을 통해 듣는 목소리의 상태나 상식적인 질문에 대한 응답의 정확도만으로 판단하는 방법은 주관적일 수밖에 없다. 우리가 연구 개발하고 있는 프로그램은 일반적인 목소리에서 특정 파라미터를 추출한 후 운항자와의 통신 중 채취한 목소리를 분석하여 음주 여부를 판단하는 것이다. 이는 어떤 방법보다 객관적인 결과를 제공할 수 있으며 비접촉 방식으로도 진행할 수 있으므로 음주 운항자에 대한 신속한 선별이나 단속을 가능하게 하여 사고를 예방하는 효과를 낸다.

이 프로그램이 본격적으로 상용화되려면 좀 더 많은 연구와 시간이 필요하다. 그렇지만 전 세계를 무대로 독보적인 연구와 개발이 가능한 것으로 판단되어 큰 기대를 걸고 있다. 향후 지속적인 연구로 한국어라는 특정한 언어에서 벗어나 세계 어떤 언어이든 상관없이, 선박뿐 아니라 열차나 항공기에도 안전운행의 유도가 가능하다.

그 외에도 우리에게 도움이 되는 소리를 만들거나 혹은 분석하여 활용할 수 있는 분야가 많다. 붐비는 장소에서의 몰래카메라 촬영이 극성을 부리는 요즘, 카메라의 셔터소리가 주의를 환기시키는 역할을 하기도 한다. 또한 급발진 사고에 대한 원인이 명확하게 밝혀지지 않은 상황에서 차량용 블랙박스에 녹음된 엔진소리는 엔진의 결함으로 인한 급발진인지, 혹은 운전자의 실수로 가속페달을 밟았기 때문인지 알려주는 귀중한 증거가 된다. 물론 이 경우에는 음주 판별 여부와 마찬가지로 녹음된 소리도 있어야 하지만, 가장 중요한 것은 소리를 제대로 분석해서 객관적인 증거 자료로 활용할 수 있게 만드는 수준 높은 소리공학 기술이다.

소리의 반사를 이용하여 심해에 있는 물체의 크기와 구조, 성분을 알아내는 초음파, 지진이나 해일의 강도를 분석하거나 예측할 수 있는 지진파는 물론이고 응원을 할 때 사람들에게 일체감을 불러일으키기 위해 사용하는 저주파의 북소리, 모금할 때 울려 퍼지는 핸드벨 소리 등은 모두 우리에게 도움이 되는 소리라 할 수 있다. 앞으로도 소리공학에서는 우리에게 도움이 되는 소리를 찾아내는 노력을 쉬지 않고 적극적으로 연구할 것으로 기대한다.

세상의 모든 소리가 있는 곳, 사운드테마파크

소리공학의 길을 걷기 시작하면서부터 갖게 된 오랜 꿈은 바로 이 모든 소리를 한곳에 모아 사람들에게 들려주고 싶다는 것이다. 소리를 직접 만들고 들어보고 체험할 수 있는 '소리체험박물관'과 '사운드테마파크'의 설립이 바로 그것이다. 현실적인 어려움은 많지만 이제 멀지 않은 미래에 여러분을 배명진 교수의 소리체험박물관으로 초대할 수 있는 날이 올지도 모른다. 그날이 빨리 오기를 기대하면서 나의 꿈을 이야기해보려 한다.

국제학술대회에서 학술논문 발표를 위해 해외에 나가면 주로 주요 도시나 유명 관광지를 찾게 된다. 도시 곳곳에는 별별 유형의 박물관이 설립되어 있다. 호주 멜버른에 있는 펭귄박물관, 미국 샌프란시스코의 해변에 있는 기계식 게임박물관, 라스베이거스에 있는 밀랍인형박물관, 플로라도 주

올란도에 있는 타이타닉박물관, 다리를 배경으로 한 영화 촬
영지로 유명한 매디슨 카운티에서 발견한 소규모 브리지박
물관 등이 있다. 요즘은 이처럼 특별한 주제의 박물관이 우
리나라에도 많아졌지만, 처음 해외에서 이를 접했을 때 정말
부러웠다. 나에게도 소리박물관을 만들고 싶은 꿈이 있었기
때문이다.

우리나라에도 소리박물관이 몇 군데 설치되어 있는데 강

릉에 가면 '참소리축음기 에디슨과학박물관'이 있고, 제주도에는 '소리섬박물관'이 있다. 그러나 나는 단순히 전시한 물품을 보여주는 박물관이 아니라 스티븐 스필버그Steven Spielberg 감독의 〈쥬라기 공원〉이나 혹은 숀 레비Shawn Levy 감독의 〈박물관은 살아 있다〉처럼 '살아 있는 소리체험박물관'을 건립하고 싶었다. 10층짜리 건물을 숭실대학교 근처에 지어 5층부터는 소리 관련 연구실이나 학습실로 만들어 운영하고, 건물 4층 이하 지하까지는 소리체험박물관을 만들기 위해 여기저기에 제안서를 발표하고 다녔었다. 그러나 결국 현실이라는 벽에 부딪쳐 꿈을 이룰 수 없었다. 건물을 지을 땅과 자금이 부족했고, 박물관 내부에 배치될 자료도 당시로서는 거의 없었다. 그래서 좀 더 현실적으로 운영이 가능한 '소리체험관'을 만들되, 규모를 야외와 실내로 나누어 다양하게 돌아가도록 하는 사운드테마파크를 먼저 기획하기로 했다.

사운드테마파크는 실내와 야외로 나누어지는데, 야외에는 공원이나 캠퍼스의 주변 지형지물을 활용하여 구성하기로 했다. 새소리나 물소리를 공원에 가져오는 것이 아니라, 환경에 적합하게 기술을 활용하여 환경 적응적으로 소리를 들려주기 위해 자연을 무대로 소리 음향 효과를 적절하게 내는 작업이 필요했다. 즉 시각적으로는 작은 폭포이지만 소리로는 나이아가라폭포에 견줄 만한 큰 소리를 들을 수 있게 하고, 공원에 실제로 서식하고 있는 새소리뿐만 아니라 온갖 종류의 새소리를 들을 수 있게 한다. 나무 주변에서는 바람이 없는 날에도 바람에 나뭇잎이 흔들리는 소리를 들을 수 있게 만든다. 있는 그대로의 자연을 활용하되 소리를 덧입히는 것이다.

이처럼 야외 사운드테마파크에는 구역별로 다양한 새소리가 생동감 있게 울려 퍼지고, 지형별로 파도소리, 폭포소리, 시냇물소리, 빗소리 등의 자연음이 들려온다. 차도를 달리면 사운드테마파크의 로고송이 흘러나오고, 자전거로 달리면 노랫소리로 길을 안내한다. 소리 멀리 지르기 지대에서는 '큰 소리 챔피언'을 선발하고 소리를 길게 지르면 가수로 선발되기도 한다. 멀리 떨어진 정자에서 말을 하면 바로 옆에서 속삭이는 듯 들려오고, 비탈길 바람소리로 악기 연주도 해준다. 이렇듯 자연을 무대로 걸어가면서 수백 가지 소리 체험을 야외에서 즐길 수 있는 것이다.

이곳에서는 종류별로 나눈 수백 가지 소리를 다양하게 체험할 수 있다. 먼저 소리 건강 지대에서는 인체의 각 부위별로 건강에 대해 소리 체험으로 알아보고, 건강을 유지하는 비법도 자세히 안내받을 수 있다. 맑은소리 구간에서는 인간의 정신수양에 도움을 주는 다양한 소리들을 체험하게 된다. 오감자극 구간에서는 오감을 만족시켜주는 다양한 놀이기구를 즐기면서 소리의 중요성과 그 원리를 함께 터득한다. 이

|| 보라매공원에 조성한
건강 사운드테마 구간.

어지는 공포소리 구간에서는 천둥이나 번개, 지진, 전쟁 등
과 관련된 무서운 소리를 구역별로 느낄 수 있고, 동물이 느
끼는 소리의 공포도 함께 체험해볼 수 있다. 또한 인간이 들
을 수 있는 다양한 음높이와, 반대로 듣지 못하는 초음파나
초저주파를 과학 도구를 통해 직접 체험할 수 있게 한다.

그러나 이러한 사운드테마파크는 하루아침에 만들어질 수
없다. 시범적으로 서울시의 지원을 받아 소리공학연구소에
인접한 보라매공원에 '건강 사운드테마'와 숭실대 캠퍼스에
도 몇 가지를 시범 설치하였다. 아직은 원하는 모든 소리를
모아놓지 못했지만 앞으로 언젠가는 많은 사람들이 소리를
맘껏 즐길 수 있도록 소리체험박물관을 자신 있게 선보일 수
있으리라 기대해본다.

나의 꿈을 이루어줄
건강 소리

2012년 봄, EBS에서 방영된 〈직업의 세계-일인자〉 프로그램에 소리공학의 일인자로 선정되어 출연한 적이 있었다. 프로그램 말미에 꿈이 무엇이냐고 물어보는 제작진에게 나는 자신 있게 대답했다. "노벨상을 받는 것이 제 꿈입니다." 아마 프로그램을 시청한 사람들이나 이 글을 읽고 있는 독자들도 반신반의할지 모른다. 아직 우리나라에서는 정치적인 성향이 강한 노벨평화상 외에는 노벨상의 그 어떤 분야에서도 수상자가 나오지 못했기 때문이다.

지금까지 내 삶의 대부분을 채워온 것은 소리이고, 지금의 나를 만든 것도 소리이기에 앞으로 나의 꿈을 이루어줄 것도 바로 소리이다. 단언컨대 내가 지금까지 만난 여러 소리 중에서 가장 소중한 소리이며 내 꿈을 이루어줄 소리는 바로 건강을 가져다주는 소리이다. 물론 자연의 소리도 잘 활용하

배명진 교수의 소리로 읽는 세상

면 우리의 건강을 지켜줄 수 있겠지만 나의 건강 소리는 이보다 좀 더 특별하다.

진시황이 아니어도 사람이라면 모두 무병장생을 꿈꿀 것이다. 진시황은 결국 신비의 불로초를 찾지 못했지만 나는 무병장생의 실현 가능성을 소리에서 찾으려고 노력했다. 그 결과 평생 건강을 가져다줄 소리를 찾았고 나는 이를 '우리를 늙지 않게 만드는 소리'라는 의미에서 불로톤Never-Old-Tone 이라고 명명했다. 불로톤은 아직은 나만의 소리, 혹은 극소수의 소리 체험자들의 소리에 불과하지만 언젠가는 모든 사람들이 불로톤을 들을 수 있을 때가 오리라고 생각한다. 불로톤이 도대체 어떤 소리인지, 어떻게 만드는지, 그리고 어떻게 듣는지 자세한 이야기는 할 수 없어 아쉽지만 몇 가지 체험 이야기를 통해 불로톤을 소개하기로 한다.

몇 년 전, 나는 전립선에 문제가 있다는 의사의 소견을 받았다. 그렇다고 약은 먹기 싫어서 나름대로 병을 치료하기 위한 다양한 방법을 시도했는데 민간요법들은 저마다의 부작용을 수반했다. 엉덩이가 시큰거린다고 파스를 붙이면 떼어낼 때 피부발진이나 상처가 나곤 했다. 골반 체력을 강화하기 위해 무리한 조깅이나 스트레칭을 하니 과체중이어서 그런지 관절에 무리가 와 더 이상 걸을 수 없기도 했다. 식이요법을 위해 한약재가 가미된 음료를 마시면 다른 신체장기에 더 나쁜 자극을 줄 수도 있어 염려가 되기도 했다.

마지막으로 선택한 방법이 바로 전립선 부근에 비접촉 방식으로 소리를 들려주는 것이었다. 소리는 에너지를 갖고 있는 떨림이다. 소리공명이 신체 부위에 자극을 주어 전립선이나 골반 부분에 혈을 모아줄 수 있게 하려면, 소리와 신체 각각의 공진 주파수가 세부적으로 일치해야 한다. 여러 번의 시도 끝에 주파수를 잘 고른 후 신체의 공명울림점을 찾았다. 그리고 당시 유행하고 있던 노래 〈텔미Tell me〉에 맞추어 소리들을 심어 틀은 후 한 곡이 끝날 때까지 엉덩이를 흔들었다. 소리의 효과는 단 5분 만에 파스를 물리쳤고, 배를 끌어당기는 듯한 통증도 말끔히 사라졌다. 하루에 한 번씩 소리를 들은 후 한 달이 지나자 소변줄기가 굵어지고, 소변 보는 횟수도 줄어들었다.

전립선의 이상과 함께 찾아온 것은 가슴 통증이었다. 정확한 원인을 찾기 위해 정밀검진을 실시했는데 혈액에 노폐물이 끼어 있고 콜레스테롤 수치도 정상인의 두 배라는 결과가 나왔다. 서둘러 오메가3를 구입해 열심히 먹었고 좋아하던 커피도 끊었다. 다행히 1년 후 다시 검진을 하니 콜레스테롤 수치가 정상으로 내려갔다. 그러나 커피를 먹고 싶은 생각이 간절했다. 먹고 싶은 대로 먹고, 마시고 싶은 대로 마시면서 콜레스테롤 수치를 정상적으로 유지하는 방법은 없을까?

이 또한 소리로 해결해보기로 했다. 심장의 공명음을 찾아내 마찬가지로 매일 5분 동안 〈텔미〉를 몸에 들려주었다. 오메가3의 섭취는 중단하고 커피타임이 주어지면 거부감 없이 즐겼다. 몇 달 후 다시 콜레스테롤 수치를 측정해보니 오히려 수치는 낮아져 정상상태를 유지했고 가슴 통증도 더 이상 나타나지 않았다. 무엇보다도 소리의 효과는 아직도 돋보기를 쓰지 않고 모든 서류 작업이며 컴퓨터 작업, 휴대전화에서 문자를 보내고 인터넷 검색을 할 수 있을 만큼 좋은 시력과 함께 색이 검고 숱이 풍성하며 윤기가 흐르는 내 머리카락이 그 타당성을 입증해주고 있다. 내 모습을 본 사람들은 오십을 넘긴 나이로는 믿겨지지 않는다며 부러워하곤 한다.

어느 누구도 나이가 들어 돋보기를 내려 쓰고 머리숱이 줄어 이마가 훤히 들여다보이는 백발이 되길 원하지 않을 것이다. 체질적으로 혹은 환경적으로 젊은 시절의 모습으로 돌아가는 것은 거의 불가능하다. 탈모나 탈색은 나이가 들면서 머리카락을 지탱하고 있는 모공의 힘이 약해지고 멜라닌 색소가 결핍되어 나타난다. 이러한 노쇠 현상 앞에서는 대부분의 사람들이 포기하고 만다. 그런데 여기에서도 소리의 효과를 크게 볼 수 있다. 소리를 이용한 두피 마사지의 효과를 과학적으로 입증하기 위해 백발의 60세 여성과 75세의 남성에게 소리 체험을 적용해보았다. 하루에 5분 이내로 여성은 3일, 남성은 5일 동안 소리를 두피에 들려주었다. 소리의 크기는 길거리에서 느끼는 교통소음보다 작아 인체에 무해했다. 남녀 두 사람은 각각 다른 시간대에 소리 체험을 했고 서로를 모르는 상태였다. 실험 종료 후 두 사람 모두 뒷머리 부분에서 10센티미터 폭으로 검은 머리가 올라오기 시작했고, 머리 전체에 밀도가 높은 검은 머리카락이 새록새록 자라나고 있었다. 정말 놀라운 효과였다.

이 외에도 소리공학연구소의 홈페이지에는 건강 소리를 체험한 사람들의 글이 다양하게 소개되어 있다. 손발이 차가웠는데 소리를 듣고 따뜻해져 이젠 사람들을 만나도 자신 있게 악수를 할 수 있다는 교수님, 객관적인 입증 자료는 없지만 불임이었는데 소리를 듣고 난 후 얼마 되지 않아 임신을 했다는 간호사님, 여든 중반을 훌쩍 넘었는데 소리를 들은 후 체력뿐만 아니라 시력도 좋아져 밤길도 잘 다닐 수 있다는 은사님, 한 시간 동안 내내 강의를 하다 보면 목소리가 잠기거나 갈라졌었는데 소리를 들은 후 오랫동안 강의를 해도 맑은 목소리를 유지할 수 있다는 선생님, 인터뷰를 위해 연구소를 방문했다가 스트레스 수치를 측정해보고 소리를 듣기 전과 들은 후의 확연한 차이를 경험하고 놀라는 방송 제작진 등. 나뿐만 아니라 많은 사람들이 소리로 건강을 찾고 있고 소리와 함께 새 삶을 살고 있다.

그렇다고 지금의 건강 소리 체험기술이 모든 질병이나 상처에 만병통치약처럼 쓰일 수 있다는 말은 아니다. 완전한 불로톤이 되려면 아직 더 많은 연구와 보완이 필요하다. 만일 소리공명이 염증이나 상처에 잘못 쓰인다면 상처가 더 커져 부작용이 유발될 수 있다. 지금도 암 세포에 공명되는 소리주파수를 찾아내어 사용하지 못하도록 하고 있지만, 만에 하나 우리가 아직까지 찾아내지 못한 암적인 공명주파수가 있어 이를 인체에 들려주게 된다면 암 세포가 더 커질 수도 있다.

앞으로 건강 소리에 대한 연구는 계속해나갈 것이다. 신체 각 부위에 맞는 공명점을 찾아 그 주파수에 맞는 소리를 만들어내고 그 소리를 내가 원하는 곳, 바로 그곳에 효과적으로 들려줄 수 있도록 해야 한다. 소리가 최대한의 효과를 낼 수 있게 하면서도 가장 효율적으로 들을 수 있는 방법도 함께 찾아내야 한다. 또한 불로톤을 더 많은 사람들이 쉽게 들을 수 있는 방법도 찾아볼 것이다.

나 혼자 건강한 삶보다 모든 사람들이 함께 건강하게 살아가는 사회가 더 중요하다. 이렇게 노력하면 어느 순간 내 꿈이 이루어져 있을지도 모른다. 소리가 내 건강과 내 꿈을 다 이루어줄 그때를 기대해본다.

지금까지 여러분은 소리공학자 배명진 교수와 함께 소리로 세상을 읽어보았다. 이를 통해 이 세상이 소리로 이루어진 셀 수 없을 만큼 다양한 이야기로 가득 차 있음을 깨달았을 것이다. 그렇다면 이 세상은 여러분에게 어떤 이야기를 들려주고 있을까? 바라건대 말로 하는 것보다 더 큰 위로, 수십 가지 약보다 더 좋은 치료 효과를 가져다주는 세상이기를 바란다. 그리고 여러분이 소리로 읽는 세상 또한 나와 함께, 그리고 많은 사람들과 함께 나눌 수 있는 기회가 있기를 기대해본다.

이제 소리와 소리공학에 대한 이야기를 마칠 시간이다. 그러나 나의 이야기는 여기서 끝나지 않는다. 아직 소리공학자로서 해야 할 더 많은 연구가 남아 있기 때문이다. 소리를 듣고 분석하며, 사람들에게 도움이 되는 여러 가지 소리 장치를 만드는 일은 언제나 내 심장을 뛰게 만든다. 내 심장이 뛰고 있는 한, 아니 누군가의 심장이 함께 뛰고 있는 한, 소리는 언제나 우리 곁에 있고 우리를 살아 움직이게 만들 것이다. 그리고 어떤 소리가 되었든 소리가 있는 곳이라면 나의 이야기도 앞으로 계속될 것이다.

글을 마치면서 무엇보다도 이 모든 소리를 듣고 있는 우리의 귀와 청각에 감사하는 마음이다. 불행히도 소리를 듣지 못하는 몇몇 사람들을 위해서는 멀지 않은 미래에 모든 소리를 들을 수 있도록 의학과 IT 기술의 발전이 있기를 기대해본다. 지금은 소리가 잘 들린다고 우리의 청각을 혹사하거나, 이상이 생겨도 '이 정도면 괜찮겠지'라는 생각에 무심코 내버려두는 일은 없기 바란다. 목소리 또한 마찬가지이다. 목소리가 없다면 우리는 의사소통과 감정표현을 할 수 없게 된다. 우리의 언어 능력은 바로 인간에게만 발달되어 있는 발성기관 덕분이다. 이를 잘 관리하여 내가 원할 때 꼭 필요한 목소리를 낼 수 있도록, 또한 상대방이 나의 소리를 잘 들을 수 있도록 해야 한다.

누군가의 표현을 빌리자면 소리의 세상은 정말 넓고, 아직 우리가 찾아야 할 소리들은 무수히 많다. 지금도 어딘가에는 우리를 기다리는 소리가 있을 것이다. 그 많은 소리들을 찾아내고 사람들이 보다 편안하게 소리를 들을 수 있으며 이 세상을 살아가는 데 소리가 더 큰 도움이 되게 하려면, 몇몇 사람들의 힘으로는 부족하다. 특히 젊고 활기차며 기발한 상상력으로 가득 차 있는 여러분의 도움이 필요하다. 소리를 좋아하는 사람, 소리를 찾고 싶은 사람, 소리로 꿈을 이루고 싶은 사람들에게 소리공학연구소 www.sorilab.com의 문은 언제나 열려 있다.

Reading the World through Sound